"十三五"普通高等教育本科部委级规划教材

服装表演学

COSTUME ACTING

李玮琦 ｜ 编著

U0241580

中国纺织出版社有限公司

国家一级出版社
全国百佳图书出版单位

内 容 提 要

本书为"十三五"普通高等教育本科部委级规划教材。

本教材研究分为三部分，其中服装表演理论部分对服装表演产生的根源与发展历程、社会价值、艺术特性与审美特征以及服装表演与时尚传播的关系进行了具体的梳理和剖析；服装表演实务部分对服装表演人才的培养模式、服装表演的组织与编创、模特的职业化发展与推广进行了翔实的介绍和说明；模特培养部分对模特专业素质、艺术素质、形体训练、健康心理及礼仪修养等方面的培养原理与方法进行了全面的阐释和撰述，从理论到实务，由浅入深，强调综合素质培养对模特的重要作用。

本教材具有较强的应用性、针对性和指导性，既可作为高等院校服装表演专业本科及硕士研究生教材，也可作为行业从业者学习的参考书。

图书在版编目（CIP）数据

服装表演学 / 李玮琦编著 .-- 北京：中国纺织出版社有限公司，2019.11（2023.7重印）

"十三五"普通高等教育本科部委级规划教材

ISBN 978-7-5180-6563-9

Ⅰ.①服… Ⅱ.①李… Ⅲ.①服装表演—高等学校—教材 Ⅳ.① TS942.2

中国版本图书馆 CIP 数据核字（2019）第 180594 号

策划编辑：魏 萌　　特约编辑：籍 博
责任校对：楼旭红　　责任印制：王艳丽

中国纺织出版社有限公司出版发行
地址：北京市朝阳区百子湾东里 A407 号楼　邮政编码：100124
销售电话：010—67004422　　传真：010—87155801
http://www.c-textilep.com
中国纺织出版社天猫旗舰店
官方微博 http://weibo.com / 2119887771
三河市宏盛印务有限公司印刷　各地新华书店经销
2019 年 11 月第 1 版　　2023 年 7 月第 3 次印刷
开本：787×1092　1/16　印张：9.75
字数：176 千字　定价：42.00 元

前　言

　　服装表演艺术是一门创造美、传播美的实践性文化艺术，融合多种艺术门类，集文化、商业、科技、信息、娱乐化于一体，作为现代经济市场营销的重要手段，已经成为服装产业链条乃至时尚产业链条中的重要一环。

　　服装表演学科是在理论与实践紧密结合并相互促进中形成和完善的。本教材从理论到实务，进行深入的探讨、剖析，阐释了对服装表演本体发展规律和艺术形式本质的研究。将实践进行总结和梳理形成理论，又将理论进行探索和研究用以指导实践，形成系统全面的理论与实践相结合的完整内容。旨在明晰该学科的本源、提炼服装表演专业人才培养方法，提出教育与产业相融合的构想，构建服装表演学理论框架，明确学术研究范围，系统提升专业学科体系，为推动学科建设和相关产业的发展做出应有的贡献。

　　高校设立服装表演专业，旨在于培养受高等教育的职业模特以及与服装表演相关的教师、时尚编导、模特管理等高水平复合人才，以适应国际化背景下服装表演行业及时尚产业的发展需求。本书中"模特"一称涵盖职业模特和高校服装表演专业学生。

李玮琦

2019 年 5 月于北京

教学内容及课时安排

章 / 课时	课程性质 / 课时	节	课程内容
第一章 /4	服装表演理论 /16	●	服装表演的发展历程及发展根源
		一	服装表演的发展历程
		二	服装表演发展的根源
第二章 /4		●	服装表演的社会价值
		一	服装表演的商业价值
		二	服装表演的文化价值
第三章 /4		●	服装表演的艺术特性与审美特征
		一	服装表演的艺术特性
		二	服装表演的审美特征
第四章 /4		●	服装表演与时尚传播
		一	服装表演与时尚
		二	服装表演与传播
第五章 /4	服装表演实务 /18	●	服装表演人才的培养模式
		一	服装表演人才培养的目标与现状
		二	培养复合新型服装表演人才
第六章 /8		●	服装表演的组织与编创
		一	服装表演的组织
		二	服装表演的编创
第七章 /6		●	模特的职业化发展与推广
		一	模特的职业化发展
		二	模特的职业推广
第八章 /2	模特的培养 /30	●	模特的分类及应具备的专业条件
		一	模特的分类
		二	模特应具备的专业条件

章／课时	课程性质／课时	节	课程内容
第九章／8	模特的培养／30	●	模特专业素质的培养
		一	模特肢体语言的培养
		二	模特表演的感知觉培养
		三	模特表现力与想象力的培养
		四	模特气质的养成
第十章／10		●	模特艺术素质的培养
		一	舞蹈训练
		二	音乐修养
		三	时装摄影
		四	形象塑造
		五	艺术鉴赏
第十一章／4		●	模特形体训练
		一	形体训练的作用与内容
		二	合理控制体重
第十二章／6		●	模特礼仪修养与健康心理
		一	模特礼仪修养
		二	模特健康心理

注　各院校可根据自身的教学特点和教学计划对课程时数进行调整。

目　录

服装表演理论

服装表演实务

模特的培养

服装表演的发展历程及发展根源

课题名称： 服装表演的发展历程及发展根源

课题内容： 1.服装表演的早期形成

2.西方服装表演的发展历程

3.中国服装表演的发展历程

4.服装表演发展的社会根源

5.服装表演发展的文化根源

课题时间： 4课时

教学目的： 使学生掌握服装表演中西方发展历程及发展根源的详细内容。

教学方式： 理论讲解。

教学要求： 重点掌握服装表演产生的社会根源和文化根源。

课前准备： 提前预习相关理论内容。

第一章　服装表演的发展历程及发展根源

　　服装表演（Fashion Show）是一种集服饰艺术、文化内涵和美学意蕴等多种元素融合为一体的高雅、时尚的特殊展示活动，是以模特作为载体，通过肢体语言的表现，结合服饰、灯光、音乐及舞台环境等形成的一种综合性视听觉艺术。由于服装表演常以展示新颖的时装为主，所以人们也常常把服装表演称为时装表演。

　　服装表演从发轫至今历经了六百多年，已经成为社会上不可或缺的行业。

第一节　服装表演的发展历程

一、服装表演的早期形成

（一）时装玩偶的出现

　　1391 年，法国国王查理六世的妻子伊莎贝拉（Isabella）王后发明制作了一种玩偶，是用木材和黏土制成并与真人同等比例，类似于现代立体裁剪用的人体模型，再为其穿上当时最漂亮新颖的宫廷服装，作为礼品送给了英格兰国王理查二世的妻子安妮（Annie）王后。之后，制作和赠送这种穿着时装的玩偶成为流行于当时各国宫廷间交际的一种时尚和礼仪，贵族阶层的人们也都争相模仿。即使当时正处于英法王朝战争期间，赠送玩偶的活动也没有停止过。据记载，战争最激烈时，英国港口对海关贸易实行封锁，但对巴黎出产的时装玩偶却给予放行。时装玩偶自出现后，到 18 世纪末的 400 年间一直保持盛行。在当时以马车作为交通工具的年代，这种时装玩偶曾被远送到俄国的圣彼得堡，由此可见它的魅力和对当时社会所起的重要作用。时装玩偶也被称为模特玩偶（Model Dolls），这与后来作为展示服装的真人模特（Model 的音译）相同。

　　18 世纪，法国国王路易十六的王后玛丽亚·安东尼特（Marie Antoinette）的服装设计师，来自凡尔赛的罗斯·贝尔廷（Rose Bertin），为宣传促销自己的设计作品，将模特玩偶按比例缩小，穿上自己设计的不同款式的服装，送给高端顾客。由于小型玩偶运输便捷，很快传遍全欧洲，罗斯·贝尔廷也因此被人们称作"时装大师"。此后，欧洲迅速流行起使用模特玩偶来交流时装信息的方式。

（二）玩偶时装表演的出现

19 世纪末，于 1896 年初，英国伦敦首次使用玩偶举办了一场时装表演，自此开启了服装表演演出形式的先河。这场演出取得了巨大成功，在时装界引起了极大轰动，媒体争相报道。紧随其后，创刊于 1892 年 12 月的美国著名时尚杂志 *VOGUE* 也于 1896 年 3 月，在纽约成功举办了为期三天的玩偶时装义演，展示了由纽约服装设计师设计的 150 多款服装，现场有 1000 余人观看了表演。这场义演被称为模特玩偶秀（Model Doll Show），这一说法后来逐渐演变为今天我们所说的服装表演（Fashion Show）。这次演出的成功对当时的美国时装产业发展起到了积极的促进作用。

（三）第一位真人模特

模特玩偶虽然能展示出时装的立体感，但毕竟缺乏真人的表现力。19 世纪中期，一位在法国工作的英国人查尔斯·弗雷德里克·沃斯（Charles Frederick Worth），开始使用真人模特进行服饰展示。1845 年，沃斯在巴黎的一家经营丝绸面料和羊毛披肩的公司工作，在一次为顾客介绍产品时，沃斯突发奇想，将披肩披在了一位漂亮的店员玛丽·韦尔娜（Marie Vernet）肩上，向顾客展示披肩立体动态的效果，结果引来了众多顾客争相购买该款披肩，之后沃斯经常采用这种推销方式，使生意愈加兴隆。玛丽因此成为世界上第一位真人服装模特，后来也成为了沃斯的夫人。沃斯是现代时装表演的奠基者。

（四）第一支时装表演队

1851 年，沃斯开始设计大量服装，并通过玛丽的展示赢得了大批顾客。在 1855 年的巴黎世界博览会上，玛丽穿着沃斯设计的礼服做动态展示，这款礼服后来荣获了博览会金奖。而玛丽着装行走的动态展示方式，被一直沿用到今天。1858 年沃斯与一位瑞典面料商共同在巴黎创建了一家高级女装店"沃斯时装店"，这是世界上第一家高级时装店，沃斯也成为历史上法国高级时装的创始人，据史料记载，他也是衬裙的发明人。随着时装店的发展和扩大，沃斯又雇用了几位年轻女子，专门从事时装展示工作，这就是世界上第一支时装表演队。随着事业的不断发展扩大，大量顾客包括皇室成员都请沃斯设计时装。沃斯因此被人们称为"世界时装之父"，甚至那个时期也被称为"沃斯时代"。

二、西方服装表演的发展历程

（一）模特称谓的出现

19 世纪末期，巴黎相继开办了多家高级女装店，一些服装店会定期举办服装表演，服装表演开始进入了发展期。当时表演的女子被称为"模特小姐"，后来又叫作"模特"，这一称谓一直沿用至今。虽然已经有很多服装设计师开始采用服装表演的形式来展示自己的设计作品，但这一时期的服装表演并没有采用音乐、灯光来渲染气氛，只是简单地由模特穿着服装行走展示。

（二）第一次大规模服装表演

20世纪初，随着经济的发展以及服装业竞争的加剧，人们越来越重视产品的宣传，而服装表演作为宣传的重要手段，越来越得到重视并不断被完善。1908年，英国伦敦的"杰伊斯大商店"在美国费城组织举办了一场在当时最具规模的服装表演，场面极为壮观，这次演出首次采用了乐队现场伴奏的形式。此后，服装表演得到了空前的发展，表演形式不断变化，专业性越来越高、规模也越来越大。

（三）T型台的出现

第一次世界大战后，美国经济进入快速发展时期，随着时装制造业的发展，1914年8月，作为当时成衣制造业中心的芝加哥举办了美国的首次服装表演。这场表演场面盛况空前，是当时世界上最大型的服装表演，被誉为"世界时尚界的一场盛宴"。这次演出使用了100名模特，展示了250套高级成衣，现场观众有5000名，还出现了为演出专门搭建的宽21.4米、长30.5米的T型展示平台。这个平台一直延伸到观众面前，最大限度地接近观众并拓展观众的可视范围，观众围绕舞台，清晰感受服装表演的魅力。这种使用T型台进行服装表演的展示方式一直被沿用至今。这场演出还被拍成了电影在美国上映，极具轰动性，此次演出大大推动了服装表演的发展。

（四）电影银幕做舞台背景

1917年2月，芝加哥服装制造协会举办了一场名为"时装世界"的服装表演，首创了采用放映电影胶片作为舞台背景的方式，而这一利用电影银幕做服装表演背景的形式直到20世纪60年代才被广泛运用。

（五）模特社会地位的确立

20世纪20年代初，服装表演的形式虽已被人们接受，但模特这一职业并不被认可，甚至被认为是不正当职业，大多模特是商店售货员、歌舞女郎和兼职演员。直到巴黎设计师让·巴杜（Jean Patou）与美国VOGUE杂志合作招聘了六名文化素养及形象气质俱佳的年轻女性作为专职模特进行时装表演，这一传统观念才开始发生改变，模特也真正被具有宫廷文化传统、追求高贵典雅的法国社会所接受。在此之后，模特的招聘都提高了标准，模特这一职业也正式开启了先河。随后，陆续有社交明星和著名女演员以时装模特的身份参加时装表演，这不仅进一步提升了时装模特的社会地位，而且还促进了模特舞台表演水平的提高。

（六）摄影模特的出现

20世纪20年代，VOGUE杂志的主编埃德娜·乌尔曼·蔡斯（Edna Woolman Chase）开始将模特的照片运用到杂志中去。在此之前，杂志及报纸只是在内容中使用手绘插图。自此，摄影模特开始出现。

（七）第一家模特经纪公司

随着时装及时尚摄影的发展，模特的需求开始增长，模特经纪应运而生。1923年，美国成立了第一家模特经纪公司，这是由美国导演约翰·罗伯特·鲍尔斯（John Robert Powers）创立的JRP模特经纪公司，招揽并培养女演员和具有明星潜质的年轻人成为模特，并从事模特管理与经纪代理工作，这家公司后来成功培育了众多超级名模、国际巨星、社交名流乃至政界要人。此后，逐渐出现其他模特经纪代理公司，并开始出现专门从事服装表演制作的公司。在纽约，模特经纪公司开始成为独立的行业角色，并且越来越专业化，模特及服装表演逐渐形成产业并日益壮大走向繁荣。

（八）服装表演编排的初级模型

1926年，巴黎设计师让·巴杜从美国请来模特和法国的模特同台演出，美国模特自由洒脱、充满活力的表演风格，改变了法国服装界保守的观念，美国姑娘既苗条又健美的体形也成为日后职业模特的标准体形。此外，让·巴杜对这场演出进行了精心的编排，尤其是开场和结束环节，较以往演出形式有了进一步改善和提高，这也使得服装表演的编排有了初级模型。

（九）服装表演终场谢幕形式出现

20世纪20年代末期，作为法国最具影响力的时装设计师，也是第一位获得法国荣誉军团勋章的女性简·帕昆（Jeanne Paquin）在她的服装设计作品展示中，使用全体模特进行终场谢幕，这种服装表演终场谢幕的模式流行至今。

（十）男模特的出现

1937年，美国服装设计师伊丽莎白·哈惠斯（Elizabeth Hawes）在举办设计作品展示中首次引入了男装表演，由此，男模特的出现以及男女模特同台表演的形式使服装表演的发展又迈进了一步。在此时期，人们越发关注模特和服装表演，时装模特成为令人向往的职业，欣赏服装表演也成为人们生活的一项重要内容。

（十一）模特职业趋于商业化

1938年，曾经是JRP公司的模特哈里·康诺弗（Harry Conover）成立了自己的模特机构，实行担保人制度，为模特支付演出酬金，这一举措使原本人员流动性极强的模特职业大大提升了稳定性。20世纪40年代，随着科技革命，美国进入了经济高度发展阶段。在此期间，亨廷顿·哈特福德（Huntington Hartford）开办了一家模特经纪公司，他首创了付款凭单制，这使得原本无序的酬金支付变得有序并且更加商业化。

（十二）模特经纪管理规范化

1946年，纽约造型师及模特经纪人艾琳·福特（Eileen ford）与丈夫杰瑞·福特

（Jerry Ford）成立了福特模特经纪公司，培养与推广模特。公司制定了一系列模特从业、经纪代理的计价及管理规则，模特经纪管理开始走入正规化，这些管理规则被一直沿用至今。

（十三）服装表演多元化发展

20世纪下半叶，萨特存在主义哲学成为全欧洲最流行的文化思潮，受青年反主流文化运动以及嬉皮士、披头士等文化现象的影响，服装表演呈现出多元化的表演形式特点。20世纪60年代，英国服装设计师玛丽·匡特（Mary Quant）运用戏剧场景，采用模特以舞蹈动形式作展示她所设计的服装，在表演编排及道具使用方面有了新的突破。另外，在这一时期，把服装表演拍成电影也成为一种盛行的方式。

20世纪70年代，虽然经济处于滞涨阶段，但时装业和模特业发展却越加繁荣，一切都向着多元化的方向发展。服装表演制作技术不断完善，更加注重灯光、音乐、舞美的有机合成，模特的表演水平更加专业化，模特的形象也突破审美固定的局限，选材更多样化。1971年，从事公关、金融领域工作的约翰·卡萨布兰克斯（John Cassablancas）在巴黎创办了ELITE（精英）模特经纪公司，该公司后来发展成为超大规模的跨国模特经纪机构，业务遍及全球60个国家。在其发展期间，模特表演合约金额每年超过1亿美元，有35000名模特在册。

20世纪80年代，经济的复苏使服装表演的风格日渐奢华夸张，模特业的发展也进一步呈现出多元化的趋势，开始涉及广告、影视、娱乐等产业。模特经纪公司也开始出现分层化变革，小型的模特经纪公司仍着力于模特挖掘培养，而大型公司则按照市场需求将所属模特按不同年龄、形象进行类别细分。这一时期出现了一批在名望、收入方面都可与世界电影明星媲美的超级名模，模特的地位上升到了前所未有的高度。

20世纪90年代，服装表演的审美时尚开始返璞归真。在表演风格上，越来越注重以突出服装设计作品为目的，模特不再运用夸张的肢体语言，而是表现轻松、自然的姿态。这一时期，在服装表演制作方面，开始大量运用多媒体技术，使服装表演的形式更为丰富。

进入21世纪，随着时尚领域的拓宽，服装表演呈现出更加成熟多样、丰富多彩的局面，模特行业也发展成为了一个多元的全球化行业，拥有了确立的经济和文化价值。各地竞相举办选拔模特的赛事，模特们也都开始走出各自的国门，到异域发展。国际舞台逐渐改变了白人模特占据时装舞台主流的状况，开始接纳不同种族的模特，真正体现了国际化和全球化。

三、中国服装表演的发展历程

中国最早的服装表演出现在20世纪20年代，但该时期的服装表演并未得到长足发展。服装表演的持续发展是从改革开放后开始，至今已历经40年。

（一）中国早期的服装表演

1911 年辛亥革命推翻了中国历史上最后一个封建王朝，解除了服制上等级森严的种种桎梏，受西方文化的影响，旧式的旗女长袍被摒弃，新式服装在结构上吸取西式裁剪方法，趋向于简洁合体，注重体现女性的自然之美。此时的时装流行中心已由原来的苏州、扬州移至上海。1926 年 11 月，上海联青社举办了一场时装表演，由社员家眷及闺秀名媛担任模特，此次表演因规模较小并未引起社会反响。

1930 年 10 月，位于时尚之都的上海美亚绸厂建厂十周年，为促进销售，举办服装展示，并聘请数位中外女模特进行表演，此次演出引起轰动，上海著名的《申报》为这次演出做了连续 3 天的报道。此后不久，美亚绸厂组建了中国历史上第一支模特表演队，经常举办促销性服装表演。1930 年年底，上海举办第三届国货展览会，模特展示中西风格的新款时装，充满了时代特色。

1931 年 1 月，广州市在第一次国货展览会上，举行了一场时装表演，这场表演引起了美术界对时装设计的浓厚兴趣。

1932 年，受西方经济危机以及中西方文化交流的影响，上海著名的游乐场所出现了欧美模特进行西式服装表演，表演的形式及编创制作全部采用欧美当时流行的方式。

在此之后，因多方面原因，当时国内的服装表演并未得到进一步发展。

（二）现代服装表演

1. 改革开放初期——发轫期（1979~1990 年）　1978 年 12 月，中国开始实行对内改革、对外开放政策。改革开放建立了新的经济体制，纺织业及服装产业开始迅猛发展，服装产品需要通过服装表演这一形式进行宣传和销售，初期的服装表演行业就是在这样的时代环境下应运而生。从改革开放到 80 年代末期，这一阶段的服装表演，模特不仅需要展示服装，还要代表改革开放后的新中国形象，展示年青一代朝气蓬勃、积极向上的精神风貌，因此当时的国内表演或出访多以团队制形式出现，模特并未形成职业化的概念。这一时期服装表演发展情况如下：

1979 年 4 月，法国著名时装设计师皮尔·卡丹（Pierre Cardin）以敏锐的洞察力预见到了崛起的新中国所蕴藏的无限商机。他带领 8 名法国模特和 4 名日本模特远渡重洋来到中国，在北京民族文化宫成功地举办了一场时装表演，这也是新中国第一场时装表演。这场演出给中国观众留下了深刻的印象，也激发了中国人对于美的向往和追求。

1980 年 2 月，中国第一本《时装》杂志创刊；1980 年 9 月，《现代服装》杂志社成立，从此中国有了自己的服装及模特宣传媒体平台。

1980 年 11 月，当时全国最大的服装企业——上海市服装公司，筹建了中国改革开放后的第一支服装表演队。1981 年 2 月，表演队第一次登台表演。同年 6 月，该表演队为国际贸易人士演出，国际服装工业联合会访华团对这次表演赞叹不已。同时，这场服装表演也大大地促进了产品销售。

1981 年 11 月，皮尔·卡丹先生在中国精心挑选了十多名男女青年，并由皮尔·卡丹的中国首席代表宋怀桂女士进行系统培训。这批模特成为中国第一批具有国际化水准的时装模特，之后参与了众多国内外交流活动。

1982年12月，上海服装公司表演队首次为外销服装作经营性的服装展示，为苏联贸易代表团进行了一场精彩的时装表演，从而为促进两国之间的友好关系做出了贡献。

1983年4月，随着国家改革政策的深入贯彻实施，国家轻工业部在北京农业展览馆开办了五省市（北京、上海、辽宁、江苏、山东）服装鞋帽展销会，商品由模特们穿着展示。这次展销会反响异常轰动，所有产品销售一空，中央电视台播出了此次展销会演出的录像。展销会持续一个月的时间，期间国务院邀请参演模特们进入中南海演出，当时的国家领导人观看了演出，时任总理亲切地接见了大家，中共中央给予此番演出极大的肯定，中国模特行业的地位再次得以提升。此后，中国的服装表演水平以及模特业的发展水平得到了快速提高，在短时间内除北京、上海，在杭州、深圳、大连、天津、广州、哈尔滨、西安、成都等地陆续成立模特表演队。

1983年5月，上海服装公司表演队为外宾做了专场演出，正式对外公演。法新社、美联社、加拿大广播公司、挪威国家广播电台记者就此次演出发表了专题报道，中国服装表演发展的步伐又一次向前迈进。

1983年6月，《北京晚报》面向社会刊登广告，招收时装模特。北京东城区文化馆建立北京第一个服装表演训练班——"北京服装广告艺术表演班"，这批学员首场演出就参加了北京国际卡丹服装交易会，而后又参加了诸多国内外的时装表演，均取得不错反响。

1984年，以上海服装公司表演队为原型的模特题材影片《黑蜻蜓》公映，这是第一部以服装表演为拍摄内容的影片，如实记录了80年代初期的中国服装表演，反映了当时模特的真实状态。

1984年10月，在国庆35周年庆典上，第一次出现了由模特组成的花车，模特们参加了在天安门广场的游行并接受国家领导人的检阅。

1985年1月，中国纺织品进出口公司带领模特队，赴日本进行商业交流活动，时任中国驻日本大使宋之光先生和高岛屋株式会社社长参观了本次演出，该活动持续了20余天，充分展现了中国模特的风貌。

1985年1月，《中国服装》杂志创刊仪式在人民大会堂举行，习仲勋等国家领导人亲笔题词。中国时尚媒体的发展，再次受到了党和国家的高度关注。

1985年5月，国际著名时装设计师小筱顺子女士来华举办时装表演，这是当时中国最大规模的服装表演。在此后的30余年中，小筱顺子女士相继又在北京、上海多次举办发布会，孜孜不倦地促进中日服装文化交流。

1985年7月，中国时装杂志社率领中国模特访问巴黎，模特们高举中国国旗，乘车行驶在香榭丽舍大街，穿越凯旋门。媒体纷纷报道了中国模特的巴黎之行，中央电视台《新闻联播》播出了本次中法时尚文化交流活动。法国《费加罗报》头版头条刊登了大幅照片，世界开始关注中国模特。

1985 年 9 月，中国丝绸进出口公司在日本主办了"新丝绸之路——1985 年度时装发布会"，来自中国北京、上海、辽宁的十多名模特参与了时装发表会的表演。发表会促进了中日两国的经济、贸易、文化交流。之后，这支模特队伍又先后赴苏联、美国、意大利、新西兰、泰国、新加坡及我国香港等地表演时装，获了极高的评价。

1986 年，北京广告公司服装表演队成立，该表演队由北京广告公司和中国丝绸进出口总公司共同组建，中新社对表演队招生进行了报道。表演队成立后，时任副总理接见了表演队的模特们。

1986 年 7 月，上海服装公司表演队随中国经济贸易团赴莫斯科表演，参加大规模的双边贸易活动，为外销服装进行经营性演出，引起了巨大的轰动，表演队这次"时装外交"增进了中苏文化的交流。中央电视台在黄金时间播出了这次服装表演的录像，模特行业的发展又迈向了新的台阶。

1986 年 11 月，首次中国服装流行发布会的新闻发布会在北京人民大会堂举行，之后，在北京国际俱乐部正式发布流行趋势。同年，由中国丝绸公司、中国丝绸流行色协会主办的春夏流行色丝绸时装表演在上海隆重举行。

1986 年，中国模特石凯参加第六届国际模特大赛并获特别奖，这是首位参加国际模特大赛的中国模特。

1987 年 9 月，中国服装代表团应邀出席第二届巴黎国际时装节。声势浩大的时装节上，中国模特们压轴出场，以专业化的形象代表中国正式亮相国际，轰动世界。法国报纸整版刊登发布中国模特表演的照片，盛赞"来自毛泽东国家的时装表演"。这场演出意味着中国服装表演在国际舞台上的崛起。

1988 年 8 月，在意大利举行的"今日新模特国际大奖赛"上，中国模特彭莉夺得冠军，成为中国的第一位国际名模。

1988 年 8 月，首届大连国际服装节举办，它将经济、文化和时尚融为一体，推出一系列时装表演、设计赛事等活动，之后发展成为每年一届的国际性服装盛会。

1988 年，中国国际广告公司和中国纺织品进出口公司联合组建"东方霓裳时装艺术表演团"，该团后来多次代表中国出访其他国家。

1989 年 3 月，经纺织工业部（现中国纺织工业联合会）批准，中国服装艺术表演团正式成立，自此模特行业提升到了艺术的范畴，中国的时装模特行业进入了一个全新的发展阶段。

1989 年 9 月，中国出现了第一个设立服装表演专业的院校——苏州丝绸工学院（现苏州大学），面向全国招生。随后，部分高校相继开设了服装表演专业，逐渐形成比较完整的专业人才培养体系，为行业培养了众多优秀模特，也使中国职业模特的整体素质得到了提升。

1989 年 11 月，经国家纺织工业部批准，中国服装艺术表演团在广州举办了"中国首届最佳时装表演艺术大赛"（后更名为"新丝路中国模特大赛"），这是中国第一次举办专业性模特赛事，自此中国模特行业正式步入职业化发展的轨道。继此之后，中国各地开始举办多项模特专业赛事。同时期，中国首个大学生时装表演队正式成立，队员是从几十所高校选拔出来的具有较高文化素质的大学生。该时装表演队在团中央指导下组织参演过多场活动。

2. 快速发展并向专业化过渡时期（1991~2000 年）　20 世纪 90 年代，随着国家政策支持，以及在国际先进理念的影响之下，中国服装表演行业逐渐发展、壮大，模特们开始参与各类商业交流表演，也出现在各类外交活动等重大的场合，充分展现了中国时尚的巨大变化。自此，中国的服装表演行业发展速度势如破竹。这一时期的具体发展情况如下：

1991 年 9 月，"世界超级模特大赛"进入中国，这是中国首次引进国际级的模特赛事。时任国务院副总理等国家领导人亲临现场观赛，并为冠军加冕。冠军陈娟红次年代表中国赴美国参加世界超级模特大赛总决赛，荣获"世界超级模特"称号。

1992 年 12 月，中国服装设计研究中心在北京正式成立了我国首个服装模特代理机构——新丝路模特经纪公司。自此，中国模特行业开始了专业化的管理与运作。

1993 年 5 月，首届中国国际服装服饰博览会在京举办，作为与国际服装产业接轨的桥梁，博览会为服装表演提供了更大发展空间和平台，国际著名服装设计师瓦伦蒂诺和费雷等在博览会上举办了时装发布会。美国记者评论："这次博览会是中国的一次文化的革命，它意味着中国沉睡的时装巨龙已经苏醒"。

1993 年 10 月，北京汽车展览会上，汽车模特的概念首次由西方引入中国。随着经济社会市场需求的不断变化，模特分类不断细化，行业逐渐呈现出多元化、专业化、多领域的发展趋势，主要集中在服装、房地产、电子商务、广告、汽车等行业。

1994 年，第二届中国国际服装服饰博览会在延续首届的基础上，更加专业化、规范化、国际化。全国人大常委会副委员长、国务委员为第二届中国国际服装服饰博览会开幕剪彩，德国、法国、日本电视台等海外媒体均对服装表演进行了报道，并给予了高度评价。

1995 年，一系列专业的模特赛事举办：中国服装服饰博览会组委会举办"中国模特之星大赛"，以挖掘、培养模特行业的后起之秀；上海国际服装艺术节组委会举办"上海国际模特大赛"，共有来自世界 16 个国家的模特参赛，中国模特马艳丽获得冠军，彰显了中国模特的实力；世界精英模特大赛中国选拔赛与中国超级模特大赛合并举办"世界超级模特大赛中国选拔赛"，谢东娜获得冠军，中央电视台首次全程转播了比赛的盛况。同年，谢东娜赴韩国参加国际总决赛获得第四名，并获得"世界精英模特"称号。

1996 年年初，上海"海螺时装表演艺术团"成立，这是国内第一支专业男模特时装表演队，在中国服装表演发展历程中具有非凡的意义。

1996 年，国家劳动部颁布《服装模特职业技能标准》，这标志着模特这一职业被国家正式纳入国家劳动职业序列，并开始走向职业化的轨道。

1997 年 12 月，第一届中国服装设计博览会（后更名为中国国际时装周）在北京民族宫开幕，发展至今已成为国内顶级的时尚发布平台。

1998 年 12 月，中国服装设计师协会和中国国际时装周组委会共同创设了年度性奖项——"中国时尚大奖"。其中，"年度最佳职业时装模特"奖项是职业模特的年度性最高荣誉。该奖项评选一直延续至今，极大地提升了模特的公众影响力。

1999 年 4 月，"首届中国精英男模特大赛暨世界男模特大赛中国选拔赛"在浙江省宁波市举行，就此开启了中国男模特专项赛事的历程。冠军胡东赴菲律宾，参加"世界男模特大赛"，荣获"世界十佳男模"和"最佳表演奖"称号。

1999 年 7 月，全国 16 家模特经纪公司共同发起并签署了《中国模特经纪人北京协定》，按照国际惯例，提出全新的经纪合作意向，至此，中国模特经纪走向正规化。

2000 年 6 月，作为中国服装设计师协会的组成机构之一，中国职业模特委员会在北京成立，以规范与维护模特行业秩序。同年 9 月，职业模特委员会创办了"中国职业模特大赛"，挖掘培养了大量优秀模特。

3. 专业化与国际化发展（2000 年后）　进入 21 世纪，随着国际合作更加密切，通过借鉴国外先进的管理经验，不断提高和改进自身水平，中国的服装表演行业得到了飞速的发展，已经全面进入国际化、产业化发展道路。无论是模特的职业技能和专业素养，还是服装表演的编创制作水平都有了极大程度的提高。国内模特经纪机构的发展与成熟，使中国服装表演行业的管理与运作完全专业化并向国际化发展。各类国际模特赛事上，出现越来越多的来自中国的优秀模特。巴黎、米兰、伦敦、纽约等国际时装周涌现出大量具有东方魅力的中国模特，他们跻身国际时尚行列，凭借优秀的外形条件和职业化的专业素养，成为国际时尚潮流的引领者。

中国服装表演行业从起步到振兴，从本土到国际，历经无数次飞跃。发展至今，各类时装周、模特及选美赛事、各种服装品牌发布会、流行趋势发布会的举办，以及上千家模特经纪公司的成立，近百家高等院校服装表演专业的建立，无不表明今日中国服装表演行业的一派繁荣。服装表演与中国服装产业的发展和创新环环相扣，肩负了继承与发扬中国服饰文化的重任。当代服装表演艺术的发展，成为新时期服装文化繁荣发展至关重要的环节，也成为中国时尚文化产业崛起的重要组成部分。

第二节　服装表演发展的根源

服装表演真正的发展根源是什么？怎样才能透过现象触及其根源？

社会存在决定社会意识，社会意识是社会存在的反映，这是唯物史观的一条基本原理，也应当成为我们分析探讨服装表演发展根源的指针。马克思曾写道："整个生产关系建构了社会的经济结构——真正的社会基础和上层建筑在此基础之上诞生，社会意识的确定形式也必然与之相适应。物质生活的生产方式决定了社会、政治和精神生活过程的基本特征。并不是人的意识决定了人的存在，而是相反，人的存在决定了人的意识。"这一原理告诉我们，服装表演发展的内在根源也必须从物质生活的生产方式中去探寻，是人类生存和活动方式的多样性，决定了服装表演的发展。在人类物质生产和经济活动的过程中，必然会形成一系列与之相适应的生存与活动方式，在一定的时段，某些方式为社会成员所追崇和效仿，这便为服装表演发展提供了基本的土壤。

一、服装表演发展的社会根源

（一）社会变革的作用

资本主义生产与商品货币经济的发展，导致了欧洲文艺复兴运动的兴起。意大利作为欧洲资本主义萌芽地，在 14 世纪已经有了比较发达的毛纺织业，城市也有了较大规模的发展，成为欧洲的商业中心。除了意大利，在此期间，法国、英国、德国、西班牙、葡萄牙、荷兰等国家的商业都得到了较大的发展。商品经济和城市化发展，对于人们的生活方式产生了巨大而深刻的影响。但在此时期，服装生产效率十分低下，华贵的服装只能由手工缝制出来，生产成本高，价格昂贵，只有皇室贵族和富商才能享有。并且，当时的男性社会地位决定了服饰的时尚以男性为主。16 世纪的英国国王亨利八世，是当时最具影响力的时尚服饰领导者，引领了当时欧洲的男式服饰潮流。另外，罗马皇帝查里斯五世，以及法国国王弗朗索瓦一世等也都是华丽服饰的引领者。而这一时期的女性并没有摆脱封建思想的束缚，自身的权利和自由并没有得到解放。即使到了 17~18 世纪的西方启蒙运动期间，社会也还没有发展到男女平等，女性依然被深深地禁锢，没有自由展现自己的机会。因此，14 世纪末期法国国王查理六世的妻子伊莎贝拉王后发明的用于宫廷间赠送的时装玩偶，才能盛行近四个世纪。

18 世纪英国工业革命爆发后，世界逐渐进入工业化时期，人类开始踏上都市化为标志的现代化进程。机器生产、工业化带来了生产的专门化，过去由手工制作的产品改为由机器生产，专业化的机器大生产使产品的生产效率空前提高。这一巨大变革，使人们的生活方式发生了巨大的改变。缝纫机和编织机的使用，使得结构复杂的服装能够轻易地生产出来，价格也随之大幅度下降，这就使大众有能力消费更多的服装，服装时尚的大众化就是在这样的基础上形成的。正如法国哲学家和社会学家吉尔·利波维茨基所指出的，"在高级时装的垄断和贵族体系之后，时尚的标签已经民主化、多元化"。除了上述因素，还有一个重要原因，就是随着男女平等观念的普及，女性开始冲破封建枷锁，纷纷走出家庭，走上社会，勇敢地追逐美和时尚，大胆展示自己的美和个性，而女性对于美的特殊敏感和爱好使她们迅速地取代男性成为时尚的主力。到了 19 世纪中期，服饰时尚已经逐渐以女性为主，而女性的加入也使时尚更加大众化，并使之更易于成为一种社会潮流。在此时期，使用玩偶举办服装表演和使用真人模特展示服装相继出现。此时的服装表演，不但在社会生活中的影响越来越大，而且逐渐脱离以往为少数人所追求的贵族化倾向，日益朝着大众化的方向发展。社会生产力的进步和经济的发展促进了服装表演的发展，这是不言而喻的。可以说，生产工业化是服装表演发展的基础，社会经济的发展为服装表演发展提供了条件。

（二）社会分层的作用

服装表演的产生不仅与生产力因素直接联系在一起，而且与生产关系因素，即社会结构密切相关。服装表演作为一种时尚方式的体现，本质上就是一种社会性现象，与社会结构有着密不可分的关系。从社会结构上来分析，导致服装表演产生与发展的社会因素主要表现在社会分层方面。

社会分层属于社会学范畴，是指按照一定的标准将社会成员进行不同级别的划分。人类进入文明社会后，由于社会分工不同，导致了社会资源在不同社会成员之间的差异分配，于是就有了层次的区分。德国社会学家韦伯，在西方社会学史上最早提出了系统的社会分层理论，他认为在研究社会分层时，既要考虑经济因素，也要综合考虑政治和社会因素。从这一点出发，他创立了社会分层理论，把社会成员划分成不同的社会身份群体，这些群体各自由有着相同或相似的生活方式，并能从他人那里得到相近的身份尊敬的人所组成。随着经济的发展与科技的进步，当代社会分层更加细化，从职业、地域以及经济收入、消费理念、生活方式等方面，都分化出迥然有别的新的层次。

社会分层会引出一个重要的社会问题，即身份的认同和识别。处于多层次的社会中，人们需要通过一定的形式与方法来标明自己在社会上所处的位置。当代法国著名社会学家布尔迪尼曾经提出关于品位的问题，他认为不同的社会阶层具有不同的品位，品位用以辨别美与丑、精致与普通、高雅与粗俗。获得品位的方法，可以通过对一些商品的使用方式来确定，将自己从所属的阶级关系中显示出来，而这些商品之所以具有这样的作用，就是因为社会消费已经发展为符号消费，商品已经具有代表一定意义的符号价值。服装作为一种社会成员身份认同与识别的标准正是将这种符号价值展现出来，使个人在社会中所处的位置清晰可见。就如在封建社会，帝王将相因身份不同，服饰的样式和颜色都有明确的规定和区分。所以，在某种程度上，人们要通过着装来表达自己是什么人，而服装表演正是创造了这种形式，起到了对代表身份的符号进行强调和引领的作用。

二、服装表演发展的文化根源

探寻服装表演产生的原因，不但要揭示其社会根源，还应分析其产生的文化根源。服装表演作为一种文化现象，导致其产生的文化因素很多，归结起来，主要可以从人文主义思想与社会心理两个方面进行分析。

（一）人文主义思想的作用

服装表演在中世纪末欧洲文艺复兴运动发生后才逐渐产生，这与人文主义思潮在该时期的兴起和传播有直接的联系。人文主义强调人性与自由，这对人们思想观念与生活方式的转变起到了极大的推动作用。在人文主义思想的影响下，人们开始勇敢地表达自己的个性，开始按照自己的本愿和需求来追求现实生活中的各种满足，追求个性，尽量让自己显得与众不同，以赢得社会的认可和尊重。这些思想观念上的转变必然会表现在生活方式上。人们开始积极关注自己的服饰及行为举止等，这种生活态度的转变为服装表演的发展提供了坚实的基础和强大的推动力。

人文主义思想的崛起，要求实现人人自由平等。文艺复兴运动的杰出代表、著名的意大利人文主义作家乔万尼·薄伽丘（Giovanni Boccaccio）强调，人类天生是平等的，只有道德才是区别人类的标准。另一位著名的人文主义作家但丁也强调个人的品德才能决定人的地位，真正的高贵在于人本身的品德优良。这些思想在社会上很快便深入人心，人们的价值观和社会意识发生转变，不再认为下层社会与上层社会之间的界限是不可逾越的。原来处于社会下层的人们完全有权利通过努力来获得荣誉和财富，他们在自己的服饰、行为举止以及其他方面也开始大胆地模仿原来上层社会的人。这种转变的结果也直接促进了社会流动，而时尚服饰以及服装表演也正是在这样的社会条件下得以发展。

（二）社会心理的作用

服装表演的产生也与一定的社会心理有关。所谓社会心理，是指社会中大多数人的情感和意识状态，表现为社会成员在共同价值观指导下所形成的具有一致心理倾向的社会态度，对于人们的社会行为具有很强的诱发和导向作用，是一种无形而巨大的社会潜在力量。服装表演作为一种文化现象，影响其产生和发展的社会心理因素主要体现在以下几个方面。

1. **精神需求**　社会心理学的研究表明，在人类一切行为的背后，都有其心理上的动机，这种动机可能是一种自觉的意识，也可能是一种本能。美国社会心理学家亚伯拉罕·马斯洛提出了著名的需求层次理论，他认为人的需要分为五个层次：生理需要，即人类保持自身生存最基本的要求，包括饥、渴、衣、住、性等方面的需要；安全需要，即人类要求保障自身安全方面的需要；情感需要，这一层次的需要包括友爱、爱情以及归属于的需要；尊重需要，即每个人都希望自己有稳定的社会地位，希望自己的能力和成就能够得到社会的承认；自我实现需要，这是人的最高层次的需要，即实现个人的理想、抱负，使自己成为自己期望的人物。可以看出，在马斯洛提出的这五个层次中，最后两个高层次的需求都与个人形象及品位有直接的联系。人们通过追逐时尚服饰来使自己产生归属感和安全感，而服装表演正是被人们视为满足这一需要的重要手段。随着社会经济和文化的发展，人的自身也在发展，需求越来越趋向更高的层次，社会上越来越多的人通过努力不断提升自己在社会上的地位与层次，随着人们需求的逐级上升，社会上追逐时尚服饰的人越来越多，服装表演也在人类对更高层次的需求这一社会心理推动下不断地发展。与物质生活的日渐丰富相对应，人们的精神生活却显得愈加空虚无聊，而人的需要的多样性，造成了人的兴趣的广泛，于是对娱乐的追求越来越高。随着娱乐在生活中所占地位的上升，服装表演也越来越朝着娱乐的方向发展，满足人们精神生活中审美、娱乐的多种需要，并且越是显得新奇怪异，就越是满足了人们的这一需求，这种现象在19世纪表现得淋漓尽致。

2. **模仿的作用**　模仿指的是对于别人行为方式的重复，这是人类心理的一种基本倾向，也是社会心理学的基本概念之一。社会心理学认为"模仿是所有集体心理生活的主要条件"，模仿是人类互动的基本属性之一，它反映了群体间与群体内部构成单位间的一种互动关系。服装表演在本质上就是一种模仿的制造，为大众提供模仿途径。

模仿，是服装表演形成的心理原因之一，"爱美之心，人皆有之"，服装表演被人们视为美的事物，容易受到模仿。当人们看到模特身上赏心悦目的服饰，以及在模特的步态、举止、造型中感觉到美时，往往会自发地产生一种模仿心理。社会心理学家将模仿视为人类的一种本能，当一种模仿得到部分人群的认同和传播时，就有可能发展成为一种时尚。著名的英国经济学家亚当·斯密（Adam Smith）曾经这样说："正是由于我们钦佩一些优秀人物，从而加以模仿的倾向，使得他们能够树立时髦的风尚。"服装表演就是借助这种心理现象，模特在舞台上塑造优秀人物形象，民众以模仿这种形象和具有类似的形象为荣。也正是因为模仿的作用，无论西方还是东方，服装表演一直盛行不衰。

3. **个性需要**　社会的转型对人们的消费方式产生了极大的影响，工业化生产造成了生产率的提高，大批量的服装商品能够源源不断地生产出来，满足人们的消费需求。但服装风格和样式的统一，使得人与人之间越来越缺少差异化，个性严重缺乏。然而人们渴望内在精神的丰富，渴望保持个人在社会中的独立和个性，这体现了人们面对社会生活最深需求层次的问题。社会心理学家认为求新是人类的一种本能，是人类普遍的心理特征，人们为了保持个性，就要去寻求与他人不一样的形式。英国著名社会心理学家威廉·麦克杜格尔（William McDougall）认为人的本能是一种遗传的或先天的心理倾向，并将人的本能分为特殊本能和普通本能两大类，其中特殊本能中就包括"好奇本能"。人天生就具有好奇心，对新鲜事物能够自发地产生出一种好奇的心理。在新与旧、罕见与常见、未知与已知面前，人们的注意力和兴趣往往会自然地偏好前者。一些社会心理学家还认为，人的求新心理是人的一种自觉的心理意识，这种意识是追求个性、显示个性的需要。自欧洲文艺复兴运动唤醒了人们的个性解放意识之后，在社会上充分表现自己的个性成为人们心理上的一种迫切需要，而标新立异正是人格独立的一种反映，常常被视为突出个性的最有效方式，因为"新异"最能吸引注意力，最能将自己与周围的人区分开，达到突出自我、表现自我的目的。随着思想的变革，观念的更新，竞争意识的加强，人们的审美需求及个性追求越加强烈，开始千方百计地寻求弥补个性缺失的途径，对于个人权利和个性的追求也发展到了一个新的阶段。所有这些，都是促成和推动服装表演发展的重要因素。

德国著名的美学家与哲学家瓦尔特·本亚明（Walter Benjamin）在分析现代复制技术对于传统技术的超越时认为，复制技术已经从根本上改变了艺术的本质。工业化生产之前，手工制作的服装特征是其独特性，而由于复制技术的出现，这种独特性被无处不在的复制品所替代了。本亚明指出，只有通过震惊来解放审美经验。而他所说的"震惊"，就是通过轰动效应来吸引注意力，服装表演正是具备了这样的作用和意义。求新心理与服装表演的关系是不言而喻的，这也许是服装表演创建之初，人们最先想到的原因。正是人们的求新心理，使得时装表演迅速进入人们的视野，时尚服饰得到快速效仿。也正是由于人们的求新心理，使得任何时尚服饰出现之后，很快又会遭到淘汰和抛弃，被另一种新的时尚服饰所替代。这也是服装设计及服装表演一直执着地寻求创新，不厌其烦、百折不挠地追求原创力的原因。

服装表演成为引领生活消费和时尚服饰潮流的重要手段，在其发展的轨迹背后，真正强大的推手是世界经济和文化的发展以及普罗大众的精神需求。

思考与练习

1. 什么是服装表演？

2. 请简述服装表演早期的形成过程。

3. 请简述西方服装表演的发展状况。

4. 请简述中国服装表演的发展状况。

5. 请简单分析社会变革在服装表演发展的社会根源中起到什么样的作用。

6. 请简单分析社会分层在服装表演发展的社会根源中起到什么样的作用。

7. 请简单分析人文主义思想在服装表演发展的文化根源中起到什么样的作用。

8. 请阐述服装表演发展的文化根源中社会心理的作用。

服装表演的社会价值

课题名称：服装表演的社会价值

课题内容：1.服装表演的注意力经济效用

2.带动与发展产业链的经济功能

3.引导消费者的消费行为

4.引导企业生产和销售

5.增强文化认同

6.提高文化竞争力

7.丰富文化生活

课题时间：4课时

教学目的：使学生掌握服装表演商业价值及文化价值的详细内容。

教学方式：理论讲解。

教学要求：重点掌握服装表演的文化价值内容。

课前准备：提前预习相关理论内容。

第二章 服装表演的社会价值

服装表演早期的形成以社交和产品营销为目的，随着社会文化的不断发展，服装表演的目的在发生着改变，形式越来越丰富多样，逐渐演变出多种不同性质、风格的表演类型。服装表演的社会价值指的是服装表演在社会生活中所起到的作用和影响。经过不同时期的发展，服装表演的内涵和外在的表现发生了改变，作为一种物质文化和精神文化的结合体，其社会功能也开始趋向多元化，不再单纯是一种时尚的外在表现，而更多的是服务于服装文化的推广、民族传统服饰文化的继承与传播、经济的发展和产业的开发等方面。深入探究服装表演商业及文化的价值功能，可以为开发相关产业、繁荣社会经济、丰富社会生活、促进社会观念变革和社会进步提供有益的启示。

第一节 服装表演的商业价值

服装表演是商业发展的产物，对社会经济发展起着重要的促进作用。

一、服装表演的注意力经济效用

注意力经济是一种新兴的、流行的商业模式，是伴随着传媒产业化进程的推进、网络经济的兴起而产生的，具有知识经济的内涵特征和客户主导经济的市场特征。在现代社会中，信息生产的丰富性和传播的便捷性使得人们对信息的接受应接不暇，经济市场中物质和信息都不是稀缺的，而每个人的注意力是有限的，是稀缺的。注意力资源已经成为重要的经济资源，经营注意力资源的产业，能够获得迅猛发展，获得高利润回报。服装表演作为一种具有明显特征的注意力资源，其市场价值在于作为不同时期社会审美价值观的承载体，能够吸附并保持足够的吸引力、最大限度地凝聚起足够的社会注意力，为消费者指出明确的消费方向，并使消费者的价值观和审美观发生深层次的变化。

注意力经济是服装表演的经济本质，促使服装表演营造了一种新的商业环境和商业关系，改变了服装市场的观念以及价值分配，最明显的表现就是使大众进入了一个品牌经济时代。只有大众对某种品牌产生注意，才有可能成为购买该产品的消费者。而要吸引大众的注意力，重要的手段之一，就是视觉上的争夺。在注意力方面投入越大的品牌，其收益越大。在新的注意力经济中，时尚成为一种主导性的社会潮流，注意力可转化为财富，而注意力的财富，存在于那些付给时尚注意力的人群中。服装表演在时尚主导下，塑造的模特着装形象，引起人们的注意，并使之成为大众着装的榜样。模特拥有人们梦想得到的形象、气质，这种夹杂着偶像崇拜的情感与现代的传媒机制相结合，就会产生一种广泛的社会效应。而商家举办服装表演，就是通过注意力效用培养潜在的消费群体，最大限度地影响受众，并且能够进一步影响市场消费和人们的社会行为，获得最大商业利益。

在互联网时代，社会传播内容与传播媒介越来越丰富，注意力经济需要不断创新，没有创新的内容是不会获得关注的。在这样的环境下，服装表演要想获得更大的市场竞争力，就应该更加注重吸引公众的注意力和长期保持顾客的注意力，不断加强自身的核心竞争力，利用专业化和特色化获取更大的生存的空间。

二、带动与发展产业链的经济功能

在消费社会中，时尚不断改变，为了追求时尚，人们的消费模式也在发生变化，各种时尚产品的需求量在不断增加。服装是时尚产业的核心，由于服装具有社会化和商品化性质，其经济功能是服装企业赖以生存和社会发展的重要因素，服装产业已经成为市场经济的重要组成部分。服装行业在世界经济发展中发挥着越来越大的作用，根据经济学家的全球统计数据报告，2018年，服装行业年创造超过14000亿美元的零售额，并且还在不断增长。服装表演作为时尚的物化表现形式，主要作用是宣传服装品牌和促进服装消费，对于服装行业的发展起到了至关重要的作用。

服装表演对于社会经济发展的促进作用不仅表现在服装方面，随着服装表演的发展，一系列与之相关的产业也在迅速发展壮大。服装表演从诞生之日起就与经济合体，并随着发展逐渐形成独有的经济产业链。随着社会经济快速发展，人们生活水平不断地提高，审美体验已成为当下人们生活中的高层诉求。为满足日渐增长的精神需求，服装表演融入了各种元素，由此扩大了现今服装表演经济产业链的附带范围。从服装到饰品、化妆品，从为突出表演意境而融入的舞台、灯光、音响到场馆布展，从模特培养到经纪推广等，服装表演连带的经济领域不断延伸，带动了相关产业的发展，加快了以服装表演为核心的"产业链"的形成。服装表演作为服务型产业进入市场化运营已是不争的事实，从而也势必会带动其周边更多产业的形成与发展。在社会经济快速发展的当下，以市场需求为导向，坚持健康的发展方向和发展趋势，构建附带产业链的共生与发展是服装表演业多元化健康发展的必经之路。

三、引导消费者的消费行为

服装表演是品牌扩大知名度、提高服装销售量，以达到经济收益的一个重要手段。商家通过服装表演，希望起到引导人们把握服装流行趋势的作用，激起人们的购买需求和购买动机，以促进销售。服装表演将融入预测性的设计思想和设计理念以及具有代表时代风格特点的服装展现出来后，起到示范及引领服装发展潮流的作用，进而使人们产生模仿性。法国社会学家加布里尔·塔尔发表的《模仿律》中写到"模仿是人的天性，时尚是建立在人们相互模仿基础上的社会现象"。从社会心理学的角度来看，人都有一种与生俱来的从众心理，对于他人优于自己的行为方式都有一种模仿的欲望。服装有适应不同的社会群体、社会意志和社交活动的功能，人们通过观看服装表演增加对服装产品和品牌的认知，快速了解时装及饰品的和谐搭配、色彩组合，并通过模仿形成自己的个性品位，以彰显自己的社会地位、身份和文化素养。另外，对于消费者来说，模仿追崇还可以减少购买的选择压力。

服装表演能够对于消费产生极大的促进作用，刺激并引发人们的购买行为，这是毋庸置疑的。在巴黎、米兰、纽约、伦敦以及世界上其他一些城市的时装周上，也包括近些年中国兴起的各地时装周，服装表演轮番进行，在 T 型台上出现的任何款式、面料或者色彩，甚至是一些服饰的细节变化，都会被世界各地的时尚人士敏锐地觉察并快速效仿。在时尚的快速发展中，每款时装的生命都是短暂的，然而人们对于时尚服饰的追求热情却永远不会枯竭。

四、引导企业生产和销售

时装本质上是一种商品，在时尚产品中始终占据中心的位置。随着经济发展和人们物质文化生活水平的提高，消费者的消费需求不断提升，时装产品的种类也在不断增多。服装表演是将下一季度的时装款式提前发布，一方面引领消费者购买，促进了消费；另一方面也促进了服装企业生产的发展。在市场经济条件下，随着社会人文精神的不断提升，人们彰显自己个性与价值的愿望越来越强烈，对自身发展的认识也日益深化，这就导致服装需求范围不断扩大，时尚服装需要不断推陈出新，也意味着服装企业的生产要主动适应市场需求。服装表演，尤其是订货会式的表演，生产企业可以直接根据订货商的需求制订生产计划。订货商选定某些时尚新款服饰，意味着这些产品的需求量将会加大，产品的生产量也就相应增大。

服装表演将服装时尚的流行趋势进行发布，有目的地创造和引导时尚，除了对发布品牌的生产起到引导作用，对于大量的普通服装生产商和销售商也起到引导生产和销售的作用。这些生产商和销售商通过观看服装表演，及时掌握时尚服装的流行特点和流行规律，并以此为依据，制定生产和销售计划。任何时尚元素的兴起在一定时期内都会造成市场对该类商品需求量的骤增，此时增加生产和销售会取得较好的经济效益。流行趋势的快速变化，是企业面对的最大挑战，如果企业不能紧随变化，势必被市场淘汰。

另外，随着时代的发展，一些与时尚相关的其他领域，如首饰、化妆品、箱包，甚至房地产、汽车等商业领域也在借助服装表演的形式来扩大品牌和产品知名度，服装表演所能凸显的经济价值还将不断延伸。

第二节　服装表演的文化价值

随着人类精神文明和物质文明的不断提高，穿衣早已不单纯是生存的最基本需要，也不仅是装饰自己，美化自我，显示自己的地位、身份和个性。人们对服装的追求越来越表现为通过仪表美来达到自我完善，体现不同的文化心理及文化素养。服装表演作为现今社会文化中的一种重要表现形式，在全世界范围内盛行。随着时代的进步和发展，服装表演早已成为加快服饰文化传播的重要手段，具有整合多元、转变认识的文化价值功能。中国有着几千年的历史文化和众多民族，因此服装表演的社会功能表现就更具有深层的文化意义。

一、增强文化认同

文化认同是人们在一个民族中长期共同生活所形成的对本民族文化价值的认同，是增强民族凝聚力的精神纽带，也是民族延续的精神基因。受西方文化影响，现今的中国百姓对本民族传统文化有了陌生感，以至于出现服饰文化传承断代的尴尬窘境。究其根源，是人们在处理传统文化与现代文化、外来文化与本土文化的关系上出现了问题。新的文化共识需要建立，创新是文化发展繁荣的关键。而服装表演这一融入多元文化，具备创意氛围，打破常规的展示方式，在传播时尚的同时，也在为建设中华民族精神凝聚力、提升国家文化软实力、扩大中华文化的影响力发挥着巨大的力量。这种力量的丰富和维系正是服装表演的文化认同功能得以彰显之处，也会是服装表演能继续流传不衰的关键所在。服装表演大量展示了具有中华传统文化背景的服装，作为传播服饰文化的重要载体，以一种全新的方式，秉承中华民族风俗习惯、审美价值观，用自身独特的优势丰富和维系民族文化的内聚力、向心力和文化力。合理地整合多元文化的关系，创新文化表现力，融入体现各民族文化，以全新概念及历史再现的展演唤起集体记忆，达成民族文化的集体认同。

二、提高文化竞争力

在当今的全球化时代，具有中国传统文化特点的服装表演能促进对外交流，为全世界打开了解中国、认识中国的大门，加强各国家不同文化之间的沟通与融合，促进文化互动，为创设外交窗口和搭建公共外交平台奠定坚实的基础。服饰文化的交流能够体现出很强的记忆功能，在各民族与各国家之间的服饰风格中，都可以发现不同文化间交流的印记。中华民族的传统文化深深吸引各国家服装设计师，在他们的设计作品中，经常可以看到中国传统民族元素。异域元素用于设计除了能够满足人们追求时尚过程中的求异心理，更是体现了异域文化的相互吸引和相互融合。

任何一件服装的款式、材质、颜色等都在表达一种象征社会文化的准则，体现各民族风俗习惯，各社会阶层的特点和社会意志等明显表征，这种体现超越了服装自身功能性的用途价值。服装表演在展示不同历史时代及不同民族的服装时，通过配以相应素材的音乐、视频内容及舞台环境，准确地把握不同时代和不同地域文化的脉络，将这些以特殊形式展示并记录下来，使得中华民族的服饰文化得以传播和留存，并推动中华服饰文化走向世界，扩大在国际上的吸引力和影响力，提高我国文化竞争力。

三、丰富文化生活

文化生活是人们在经济、物质和社会环境等具有一定保障的基础上，追求身心愉悦、精神充实、提高生活品质的一种生活方式。社会发展和人的发展是相互结合、相互促进的，物质文化条件越充分，越能推进人的全面发展，而人越全面发展，社会的物质文化就会创造得越多。服装表演作为一种先进的、健康的文化形式，促进社会经济发展的同时，也极大地丰富了人们的文化生活。

服装表演是在服装展示基础上进行艺术化的创新编排，形成多种类型和风格的让人们欣赏、追崇的时尚文化。除了传播服饰文化、引导人们的消费观念，推动生产的发展，服装表演还满足了人们日趋多样的精神文化需求，增强了精神力量，拓展了文化视野，活跃了文化思想，激发了文化生活的参与热情。现代社会人们的生活节奏越来越快、工作压力也越来越大，在闲暇之时很多人通过现场或媒体观看服装表演，放松身心、丰富业余生活，充分释放工作与生活中的各种压力，同时人们生活方式与生活态度的多样化，使得社会发展也表现得更加丰富多彩。

另外，每个时代都有一些个性突出，希望树立与众不同的个人形象、争当时尚先锋的人物。而服装表演，尤其是创新类服装表演，传达的时尚理念往往有别于人们的传统理念，迎合了这部分人的新奇性本质需求。通过服装表演，每一种服饰潮流的兴起都给社会注入新鲜的活力，在一个开放的社会里，各种时尚能够自由发展，大大地丰富人们的文化生活，使整个社会呈现勃勃生机。

随着社会经济的不断发展，服装表演的内涵和表现形式会有更大的拓展，所具有的社会功能也会越加丰富和多元化，对整个社会的发展和人们的生活都起着积极的作用。因此，我们应主动地致力于服装表演社会功能的拓展，使其价值得以充分发挥，推动与其相关的各个领域健康发展，并在社会生活中具有越来越重要的地位。

思考与练习

1. 请简述服装表演的注意力经济效用。

2. 请简述服装表演带动与发展产业链的经济功能。

3. 请简述服装表演如何引导消费者的消费行为。

4. 请简述服装表演如何引导企业生产和销售。

5. 为什么说服装表演能增加文化认同？

6. 为什么说服装表演能够提高文化竞争力？

7. 为什么说服装表演能够丰富文化生活？

服装表演的艺术特性与审美特征

课题名称： 服装表演的艺术特性与审美特征

课题内容： 1.服装表演是多种艺术元素的综合

2.服装表演是艺术与科技的综合

3.服装表演是集体艺术创造的综合

4.服装表演是空间和时间艺术的综合

5.服装表演的视听艺术性

6.服装表演的艺术再创造性

7.服装表演展示的审美特征

8.观众欣赏服装表演的审美特征

课题时间： 4课时

教学目的： 使学生掌握服装表演艺术特性及审美特征的详细内容。

教学方式： 理论讲解。

教学要求： 重点掌握服装表演的艺术特性内容。

课前准备： 提前预习相关理论内容。

第三章　服装表演的艺术特性与审美特征

　　服装表演有着丰富的内容和表现形式，极具观赏性并体现了较高的人文品质，经过不同时期的发展，发生着不同的变化，展现着不同的时代风尚。发展到现代，表现出更具艺术品质和精神内涵的审美价值，形成独有的艺术特性和审美特征。

第一节　服装表演的艺术特性

　　服装表演是一门年轻而又现代的艺术，是随着社会的进步和物质文明的提高，为满足人们丰富多彩的生活和审美需求应运而生的。在其形成和发展过程中不仅综合了各种艺术的元素，同时还形成了有别于其他艺术的特性。了解和把握这些特性，将有利于提升人们感悟服装表演艺术魅力的能力，掌握服装整体设计及服装背后所代表人物的精神状态。

一、服装表演是多种艺术元素的综合

　　服装表演汲取服饰、音乐、戏剧、舞蹈、绘画、建筑、文学等多种艺术的元素，经过融合，逐渐形成自身新的特性。服装表演以展示服饰为目的，服饰是文化的一个重要元素，也是礼仪的载体，从服饰中可以看出一个人的礼仪风度以及对审美的理解程度。服饰是最直观的艺术审美展现，同时也是人们思想情感的传达与流露。服装表演在展示服饰的同时从其他艺术中借鉴了不同的方法：从音乐艺术中借鉴了各种风格、音效、节奏的运用方法；从戏剧、舞蹈艺术中借鉴了表演编排调度、灯光运用等方法，同时还吸收了戏剧、舞蹈演员的肢体表演艺术特点等；从绘画和建筑中吸收并借鉴元素用于舞台环境和造型结构；从文学中吸收服装表演作品的思想性和艺术性表达元素。服装表演艺术还集造型、表演、摄影等多种艺术因素于一体。另外，时尚在发展，服装表演也在通过服装、模特的化妆造型、舞台设计、音乐风格等展现着时尚艺术的变化。

二、服装表演是艺术与科技的综合

　　服装表演的发展和制作水平与科技的发展息息相关，科学技术已经成为服装表演艺

术中不可或缺的组成部分。现代的服装表演利用新媒体、信息可视化等技术，从创作上改变了传统服装表演艺术的运作方式。创作中新媒体的广泛性和创造的多样性，数字影像艺术、装置艺术的运用，让服装表演精彩纷呈。在舞台制作、灯光设计、音乐制作等方面都含有大量的科技成分，音响、灯光、视频等电脑控制设备不断更新，音乐及影像等电子制作技术的提高，使服装表演一步一步走向成熟。科技的进步，为服装表演艺术的发展提供了物质条件，丰富了其表现能力，并不断开拓出新的表现领域。服装表演艺术和新媒体技术的联合，体现了现代社会文化多元性，迎合了人们的审美需求，赋予了服装表演艺术新的生命。

三、服装表演是集体艺术创造的综合

服装表演是具有时效性并且是一次性的表演，具有不可重复的特点，不仅是艺术的综合，更是多方面技术工作人员智慧和能力的综合。一场服装表演制作包括编导、设计、造型、化妆、模特、摄影、音乐、灯光等各个职能的工作人员，要保证演出的艺术质量和水准，就要所有工作人员高度协调配合。服装表演艺术的内涵是丰富的，要求每一位参与者也应具备较高的艺术修养和审美能力，只有这样才能综合创造出高艺术性的服装表演。

四、服装表演是空间和时间艺术的综合

服装表演是一种造型艺术，是一种空间、时间共存的艺术。在编排创作中，要考虑演出现场空间环境、舞美设计，包括舞台及背板结构、布局等。还要考虑表演时间，包括长短、快慢、节奏和先后次序关系等，模特在舞台上的每个步伐、动作、造型以及与同台表演的模特之间的位置关系都与空间和时间有着重要的联系。模特在舞台上不露痕迹的控制、调整自己的位置和行走速度，熟练掌握表演线路以及形成模特相互之间的默契，这些都体现了时间和空间的艺术性。

五、服装表演的视听艺术性

服装表演作为一种舞台艺术，与其他舞台表演门类相比，既有相同之处，又有不同之处。人们对客观世界的认识首先是从感知开始的，服装表演欣赏也是一样，人们通过各种感觉器官去感知服装表演的综合信息，形成认识，在此基础上进行"美的欣赏"。服装表演是一种视听结合的艺术，它所使用的一切手段，目的都是必须创造出生动鲜明的视听觉符号，实现对服装作品的充分表达。柏拉图说："美是由视觉和听觉产生的快感。"托马斯·阿奎那说："与美关系最密切的感觉是视觉和听觉，都是与认识关系最密切的。"俄国哲学家车尔尼雪夫斯在著作《生活与美学》中说："美感是和听觉、视

觉不可分离地结合在一起的，离开听觉、视觉，是不能设想的。"在服装表演的欣赏中，审美感觉尤其重要，它是一切审美活动的决定性基础，在视觉方面，舞台布景、光效氛围、服装饰品、模特化妆造型及肢体动作造型等相映生辉，吸引观众并给观众带来强烈的感官刺激和美的视觉享受；在听觉方面，服装表演离不开背景音乐，音乐是服装表演的灵魂，在服装表演中起着不可替代的重要作用。服装表演是否选择相匹配的音乐进行展示活动，决定着服装表演的成败。音乐可以烘托气氛与渲染环境，调动模特的表演情绪，增强服装作品的表现力。也会使观众产生一定的意境和联想，加强理解服装的艺术性。综合起来，这种以视听为主的感觉形成了观众的审美感觉。

六、服装表演的艺术再创造性

服装表演通过对舞台、灯光、音乐的设计，以及对模特展示方式、风格的编排，将设计师所创作的服装作品及设计理念进行诠释，准确地传达给观众，这个过程是一种艺术再创造的过程。另外，模特直接面对观众演绎服装背后所代表的人物形象、气质、精神面貌等，在表演的过程中，模特个人的气质、风度、职业素养以及场上的即兴发挥，也使服装表演艺术具有了再创造性。

第二节　服装表演的审美特征

审美，就是对美的认识和欣赏。服装表演作为一种独特的艺术形式，在长期的实践过程中，也有其创造、表现审美的过程，这既是对现实审美的反映，也对现实的审美产生影响。服装表演艺术按照美的规律，以一种特别的创作方式体现了对服饰艺术作品的处理手法，在形式与内容、主体与客体、个性与共性方面相互融合，展现了时尚的独特魅力，表现出实用性与审美性相结合的艺术蕴含，使服装形象具有文化价值和审美价值，具有象征性和形式美，体现出时尚性和时代感。服装表演作为一种独特的艺术形式，与其他艺术有所不同，在某种程度上，体现出自由化、开放化的特点，并具有以个性审美引领社会集体审美的特征。服装表演的审美还包含以服装表演展示为主体和观众欣赏为客体两方面的审美特征。

一、服装表演展示的审美特征

服装表演艺术扎根于城市生活，服务于大众。随着社会的发展变革及科技的进步，城市在变化，生活方式也在改变，人们的审美习惯和偏好发生着巨大的改变。在这样的背景之下，服装表演艺术也在快速发展，以新的生命和活力适应现代大众的审美观。

（一）艺术性

在审美过程中，由于人们审美心理的一致性和摆脱审美习惯的冲突性，形成特有的高于现实的审美需求。艺术可以打造精神影响力，而这种影响力通过艺术审美深入人的内心，能够提升精神境界。服装表演要达到良好的审美效果，必须重视艺术表现方法，通过制造艺术意境，带给观众高雅时尚的主观体验，这种体验是随着艺术性的变化而变化的。一切艺术都讲究形式美，服装表演更注重形式美，同时体现着艺术形式的创造性。加强服装表演的艺术性可以提高审美体验，使人沉浸于艺术之中，精神品位和内心世界得到升华。

（二）时代性

社会发展的不同时期，服装表演具有不同的特色，这与经济和科技的发展有极大关系，并与时代的主流意识形态密切相连。进入21世纪，由于经济的全球化，带来了文化的全球化，服装表演也形成与世界的交流，跟随国际时尚的步伐，改变着人们传统的生活方式，引领人们在着装方面朝着多样化、审美化、高品位的方向发展。

（三）独特性

现代的服装表演，在不断的实践中改进和提高，逐渐形成了独特的审美个性现象，在服装表演创作中，越来越多的人具备审美经验和能力，表现出鲜明的个性特征。具体表现为，具有较稳定的审美心理结构和审美心理状态，在审美思维、直觉以及审美选择等方面形成较为稳定的态势，在审美创造中有独立自主性，在审美发现和反应中，有较强的敏感性和独特性。具有新时期服装表演特有的审美取向、需要和行为方式，形成独特的服装表演创作风格。

（四）精神性

在服装表演中，不同风格服饰的展示方式也有所不同。服饰的变迁受到社会发展的影响，形式和内涵也随着经济的发展更加丰富。服装表演中，服饰制作精良，有着极强的观赏性和审美价值，不同的服饰代表着不同的含义，体现着多元化的艺术审美特性和其特有的精神性。另外，服饰与模特展示和谐统一是服装表演的关键要素。模特体现了在服饰背景下的气质之美、神韵之美，使服装表演不仅提供可观赏性，传达出和谐自然的艺术特性，同时也体现出不同的精神内涵，提升了服装作品的艺术和文化底蕴。

二、观众欣赏服装表演的审美特征

不论哪种表演艺术，它的生命力和艺术价值都来源于观众的接受和认可，正如俄罗斯著名表演艺术理论家斯坦尼斯拉夫斯基所说的："在没有观众的条件下表演，就等于在一个塞满了软质家具，铺着地毯，因而不能产生共鸣的房间里唱歌一样，表演就失去任何意义了。"服装表演与人们的时尚生活息息相关，是为人们创造美的形象的艺术。它真正的"价值"来源于观众对于表演环境、精美服装、模特表演的鉴赏，在审美过程中发现并体验到艺术魅力。通过欣赏愉悦身心、陶冶情操，满足人们追求完美生活的需求。

（一）共鸣性

观众对服装表演进行审美的过程，也是一种感知的过程。服装表演中，展示的每件服装都是设计师个性设计的成果，倾注了设计师的情感。由于理念或对服装认识的不同，观众对服装的理解与设计师原本的创作构思会有一定的偏离。而服装表演作为一种桥梁，将服装特定的风格、角色，通过环境氛围的创造和模特的展示，使服装充满个性和具有生命的魅力，进而把这种感觉通过多角度视觉的组合结构传达给观众，使观众有多种多样的感受。观众通过观看服装表演领会设计师的设计灵感和构思，建立正确的审美感知并产生共鸣。

（二）认知性

服装表演的结构编排、节奏韵律与灯光、音乐及模特的肢体动作等效果与服装相互辉映产生综合效应，充斥着美不胜收的感觉，令人回味无穷，促使观众由表及里地探索体会服装技术所蕴含的思维与逻辑，品位服装内蓄的文化、内在的本质属性和蕴含的哲理，无意识地致使知性认识能力晋升，不知不觉中催化认知能力增长，让认识产生质的飞跃。

（三）替代性

观众在接受模特所塑造的艺术形象时，并不是简单的被动接受，而是进行积极的创造性的理解，渗透进自己的生活经验、知识积累和既有的情感认知，并运用形象记忆和情绪记忆去领会和体验。这个过程通常需要热情、注意力、感受、理解、想象等积极的心理活动和分析，运用综合的思维，才能达到对展示作品的具体把握。观众是有自己的审美要求的，基于各自受教育程度、文化背景、欣赏趣味等因素的不同，以自己喜好的方式进行欣赏，调动自己各方面的经验进行审美，形成各有特点的体验和感受。观众的艺术感受力、鉴赏能力是一种特殊的审美感觉，正是由于这种感觉的存在，才使服装表演的审美形成。观众在观看表演时的审美需要也可以被认为是一种"自我实现"，因为它暗含"自我需要"的替代性实现，观众经常会把自己假想为T台上的模特，得到心理上的替代性满足。这种现象也可以称之为内模仿，内模仿是德国学者格罗斯对审美移情作用的一种解释，当人们全神贯注于某一种审美对象时，能够把人的生命感与情趣移到对象上，产生兴趣和审美感。

（四）联想性

服装表演是以形象吸引观众，通过形象引导观众去接受服装设计的理念，接受模特对"角色"的塑造，接受这门艺术。模特要通过外在形象展示服装的内涵，而观众则是通过作品所提供的感觉去认知艺术形象。模特的表演会促使观众对展示形象认知的产生，形象的真实性在不同的观众心里涂上情绪的色彩，引起观众更为深刻丰富的联想以及引发想象等思想和情感活动，将潜藏在心底的意识一一唤醒，达到一定的审美效果。另外，对于观众而言，服装表演多数是在室内空间进行，环境是封闭的，但观众心理空间却是开放的，一面在观看表演，一面在自己的心里展开各种联想。服装表演舞台上较少有实景体现，模特优美的姿态造型和步态韵律提升了服装的内涵，引发了观众丰富的联想空间，形成内心虚拟抽象的景外之景，体现出情景交融的艺术审美效果。

（五）决策性

服装表演从某种角度说，是为消费者提供服务。消费者是服装产品的购买者、使用者，更是服装审美的体验者。服装表演的意义就是通过美的形式与消费者产生沟通，通过产品、环境等给消费者带来美的全方位体验，让消费者产生美的气氛与意境感受，推动感性认识能力提升。观众对展示产品产生情感的链接与偏爱，形成身份感、尊贵感以及文化价值的认同，进而形成对服饰品牌价值与文化的心理归属感，而这种归属感会驱动着消费者做出大部分的购买决策。

思考与练习

1. 为什么说服装表演是多种艺术元素的综合？

2. 为什么说服装表演是艺术与科技的综合？

3. 为什么说服装表演是集体艺术创造的综合？

4. 为什么说服装表演是空间和时间艺术的综合？

5. 请简述服装表演的视听艺术性。

6. 为什么说服装表演具有艺术再创造性？

7. 请阐述服装表演展示的审美特征。

8. 请阐述观众欣赏服装表演的审美特征。

服装表演
理论

服装表演与时尚传播

课题名称： 服装表演与时尚传播

课题内容： 1.什么是时尚

2.时尚的特点

3.服装表演的时尚功用

4.什么是传播

5.服装表演的传播作用

6.服装表演的传播特点

7.服装表演的传播要素

8.服装表演的传播方式

课题时间： 4课时

教学目的： 使学生掌握服装表演与时尚及传播的详细内容。

教学方式： 理论讲解。

教学要求： 重点掌握服装表演与传播的内容。

课前准备： 提前预习相关理论内容。

第四章 服装表演与时尚传播

时尚具有经济、文化及审美价值，服装表演是时尚的载体，与时尚密切相关。传播是实现服装表演社会功能不可或缺的途径，只有通过传播，服装表演才能确保得以生存和发展。而通过服装表演对服饰艺术及时尚的传播也已经成为社会文明发展进程的重要推动力量。

第一节 服装表演与时尚

一、什么是时尚

当今社会"时尚"一词被广泛使用。然而，关于时尚的概念至今并未形成一致观点，不同时代、不同研究领域的学者有着各自不同的理解。本部分综合各流派学者对时尚的分析，尝试对时尚做如下定义："时尚是社会发展中形成的一种当代文明的特殊标志，是由小众群体兴起对某种事物在一段时期的持续而有规律的审美趋势，并受到社会大众追崇的现象，具有快速发展和变化的特点。"

时尚的流行性对大众经济消费具有一定的引领作用，促使人们去追求和表达自己与众不同的个性形象风格，以及乐观积极的生活方式，并以内心为指向，取得自我认同及社会认同感，求得社会差别。时尚不仅是一种外在体现，其核心更是人的格调、修养、自尊等内涵的综合体现。时尚反映人们主观世界和客观世界相互适应、相互协调和相互促进的过程，表达了人们的审美心理并借时尚传达个人内心情绪，属于人类行为的文化模式范畴。任何一种时尚现象从兴起到衰亡，都记录和反映了时代特点。时尚既是历史的，又是现在的，还是未来的；时尚既是世界的，又是民族的，也是个人的；时尚既是自然的，又是社会的，还是精神的；时尚既是客观的，又是主观的，还是主客观的一种互动适应；时尚既是短暂的，又是长久的，还是永恒的。时尚作为人类的一种生活与行为方式，表现形式多层次、多样化，并且是无处不在的。

二、时尚的特点

时尚贯穿于人类生活的多元领域，反映人们对特定趣味、思想和行为等的追求。时尚类产品往往具有设计感强、个性化突出的特点，融入了创意及较高识别度等因素。时尚不仅是文化的表征，也反映社会的政治、经济不断演变的轨迹。

（一）新奇性

时尚具有创意性和独特性，最显著的特点是求新奇，可以说新奇性是时尚的生命力之所在。人们对司空见惯的东西，会产生审美疲劳，而新奇性会对人的心理造成极强的刺激，使之追求与众不同，满足审美心理需要，充分显示其个性特征，以期在他人心目中形成独特的"自我"形象，并有强烈愿望成为引人注目及效仿的对象。时尚就是借助新奇性对人的刺激，不断推陈出新，向前发展。

（二）模仿性

模仿是个人对于某种刺激做出类似反应的行为方式。模仿性是时尚产生和传播的心理机制，是时尚不断发展的动力。时尚之所以能够流行，就在于它引起了大众的模仿。人们热衷于追求时尚，这种追求有时就是一种盲目的模仿。模仿就是简单的重复，必然会导致审美的雷同及模式化，并使人们快速产生厌倦，这也是时尚元素总是在刚出现时流行迅速，引起人们极大的热情，但却快速消逝的原因。

（三）短暂性

时尚的流行往往具有短暂性，表现为在短时间内迅速兴起、扩散，达到顶峰后又迅速衰落、消散，流行时间一般较短，并随着时间的推移而快速变化。在传媒技术高度发达的今天，时尚的短暂性特征表现得尤为明显。但也不排除有些时尚经过时间的沉淀成为经典。

（四）多元性

时尚是快速变化的，一方面消费者的非固定性促进了时尚的变化；另一方面各类媒体通道，尤其是互联网的快速传播，加速了时尚的变化性。不同国家、地区的人们对时尚的理解存在很大差异，由于文化背景、种族、年龄、性别等不同，时尚呈现出多元性的特点。消费者不同的社会、文化、心理因素等会促使其对时尚的偏好趋于复杂和多样性，因为市场需求波动大，所以很难对某一阶段内的时尚流行做出较为准确的预测。

（五）时代性

时尚是一种现象，也是一个过程，是不同时期各种条件相互作用的产物，每一个时代都有各自的时尚标志，历史便是由各个时代的各种时事和风尚所组成的。某种时尚元素一旦形成并流行，就会引领大众消费，在消费市场中形成某种统一性，使社会发展在该时期表现出一定的时代特点，并引导人们推动时代发展。

（六）文化性

时尚作为人类的一种生活方式，是体现文化的一种特殊现象。人的一切行为都代表着一定的文化，都是在一定的文化背景下发生的，时尚也不例外。当代法国著名文化学者罗兰·巴特认为"时尚本质上是一个文化性质上的意义体系"。时尚无论表现为人的观念、行为方式，还是产品，本质上都是一种文化的选择，都是与传统文化，即传统的思想观念、思维模式以及社会心理之间有着割不断的联系和继承关系。

三、服装表演的时尚功用

时尚源自于服装，随着发展虽逐渐涉及生活的各个领域，却与服装始终有着紧密的联系，时尚和服装（fashion and clothes）经常是相提并论的。英国服装史学家莱弗认为时尚和服装是思想的体现，是对社会生活改变能力的体现。现代社会服装已经作为身体的延伸，成为自我完成社会化表达的一种手段，并成为社会构成中极其重要的一部分。服装表演以服装展示为主，是时尚的载体，更是时尚的象征表达，与时尚息息相关。

（一）服装表演引领时尚

时尚作为不同时期的文化特征，总是被赋予不同的内容、层次、元素、符号，引发一种新的审美趋势和评价模式，并成为一种文化现象被大众接受和追逐。服装表演正是通过不断引领时尚、诠释时尚、推动时尚，才得以稳固发展。

1. **大众的价值取向** 时尚的出现、发展、潮流趋势都引导着时代的发展。作为一种文化现象，时尚可能是某种文化流派的延展或认知，也可能是对传统概念的继承、异化或颠覆。人们在追逐时尚的过程中，追求更多的是时尚所建构的价值取向和时尚所代表的文化符号。每一种时尚都代表着一定的新的生活理念和价值观，而这些都是人们自我表达的一种手段。时尚需要创造，更需要追随，时尚的流行需要一个社会传播的过程。时尚的传播需要有先驱者进行引领，而服装表演就起到引领时尚的作用。服装设计师通过自己独特的艺术视角综合分析人们的着装审美需求，形成具有预测性的设计思想和理念，并将时尚元素融入设计作品，使时装具有品质感和设计感，并使其款式、面料、色彩等具有代表时代发展趋势的特点，再通过服装表演的形式展现出来，成为服装发展潮流的引导。在当今社会中，人们对时尚信息越来越关注，服装表演是时尚的起点，是创造追随者的重要手段，通过将时装进行传播，吸引时尚敏感人士的注意，使其产生兴趣并模仿。时尚先被一部分消费者接受，再逐渐扩散流行，人们在对时尚的追随中展现自我。

2. **大众的心理需求** 时尚是一种审美趣味的表现，服装表演形成的时尚审美表现方式，得到社会群体的认可和追逐，并不断满足社会群体的审美需求。服装表演不断更新变化的特点，使得时尚审美始终保持着新奇性，不断丰富群体的审美体验方式。人们追逐时尚是希望通过服饰达到对自己身体的关心以及对心理的维护，满足自我认同和自我实现的需要。人们需要在生活中寻求个人的多样性、创造性和魅力，希望构建一种属于自己的个性风格或行为模式，体现自己的时尚特点。但经验的缺乏和对时尚认识的不足，往往会限制约束了人们的想象力和自我形象的构建能力，而追随和模仿服装表演中模特的着装，可以快速遵循时尚的轨迹。所以服装表演可以帮助实现个人审美趣味的提升，并为社会群体提供一个审美导向。服装表演中，模特是时尚的代言人，将最具时尚特点的服饰在T台上展示，塑造和强化了时尚形象并形成较强的影响力，从而对消费者形成追随效应。模特精雕细琢的着装和造型，以及近乎完美的形体形象、气质风度，形成理想美的标准和时尚导向，这种导向从根本上满足了人们追崇和模仿时尚的审美需要，使人们进行无拘无束的自我风格表达，构建个性的需求，得到心理上的补偿。

（二）服装表演诠释时尚

1. 以艺术性表现诠释时尚　时尚是一种人们内在品位的表达，人们在社会环境中，需要通过自己的外在形象来表达自己的品位认知。品位是向社会展示个体的独特性和与众不同的审美取向。品位虽是一种内在性因素，但却是在区分的基础上建立起来的，而时尚就是创造区分的动力。正是这种动力使得时尚在不同的社会群体中产生不同的表现形式。服装表演能够激发大众的想象力和创造力，提升大众的品位，使大众不再只是被动地追随时尚，而是能够理性而熟练地驾驭时尚。

服装表演往往会根据艺术效果的需要，以艺术性表现来诠释时尚，采用丰富多变的艺术表现手法以提升服装表演的审美价值。服装表演中对背景和场景进行设置，从艺术表现的角度增强画面的现场氛围感，使视觉效果更加丰富多样，进一步烘托模特塑造的人物形象，强化服饰风格并形成高度的艺术展现，具有耐人寻味的艺术表现力与感染力。服装表演带给人们愉悦的心情和优雅的感受，通过模特的气质和神韵，体现不凡的品位和个性，诠释时尚审美理念，提高大众的服饰艺术审美，帮助人们了解时尚、运用时尚，提高服饰穿着搭配水平，实现自我最佳品位。

2. 以设计理念诠释时尚　时尚是富有活力的，社会发展越快，人们追求时尚的强度越高，时尚越瞬息万变，人们也越热衷于追逐时尚。时尚应具有品质，是思想和美感创造出的典雅与高贵、华丽而优雅的形式，而不是简单拙劣的模仿，这与设计师的理念有一定关联。服装表演中，没有约定俗成的束缚，强调多种时尚流行元素融合，将设计师的设计理念充分的表达。服装表演载有各种文化意蕴的符号，表达内容丰富并具有多样性，将具有抽象概念的，经过组合搭配的个性化服装进行展示来诠释时尚，并将时尚与消费融为一体，因此，给消费者留下了很大的想象和创造空间。消费者在接收的过程中具有开放性和选择性，能够在观摩服装表演中达到学习的目的，学会将具有时尚符号的服饰重新排列组合，创造出新的符合自己特点的时尚符号，并成为追逐时尚的对象。

（三）服装表演推动时尚

时尚总是不断变化，并呈现出短暂性、动态性和前瞻性，不同时期、不同领域、不同行业的时尚特性也是丰富多样的。对于崇尚个性、追求时尚的消费者而言，时尚是新奇的，也是短暂而易变的。时尚型消费者有着自己鲜明的个性心理特征，通过追求时尚来突出个性，他们思维活跃、标新立异、特立独行，对新鲜事物感兴趣、好奇心强、有较强的时尚意识，对新时尚产品敏感度较高。时尚产品中，有少部分会成为经典，可以流行较长时间，大部分时尚产品流行周期较短，普及非常迅速，但消失也快。相应地，服装表演能够深刻而清晰地把握最新的时尚文化和人们追崇时尚的心态，保持对时尚的敏感度，捕捉时尚变化的细微差异，并不断向消费者传达和唤起某种时尚价值主张，引起人们生活方式和观念的微妙变化。服装表演之所以吸引时尚消费者，还因为它能第一时间将最新的时尚信息传递给受众，不断地为消费者提供具有活力、创新性的时尚产品。服装表演的展现形式强调时尚格调和内容的夸张处理，把服饰文化内容展示在一种特殊形式中，迎合了消费者追求时尚的消费心理，推动了时尚流行的速度，使受众产生最快消费这种时尚的冲动。同时，服装表演创造了时尚持续的更迭变化，形成了推动时尚的机制。服装表演的不断更新，大大推动了时尚的加速运转，使得时尚运转的周期不断缩短。

第二节　服装表演与传播

一、什么是传播

传播是人类社会生存和发展的必要条件，人类文明就是在传播中被记录和建立起来的。传播（communication）一词产生于美国，包含"传达""传递""沟通""交流""交际"等多种含义。在中国，"传播"一词最早出现于《北史·突厥传》，其中有"宜传播天下，咸使知闻"的句子，这里"传播"一词已与现代传播的意义十分相近了。传播是借助符号建立、阐释和传递信息，并对信息进行规划、控制、管理的行为及过程。信息是传播的核心，能够激发人们认知、情感或行为上的反应。信息通过媒介由传播者传给受众。实现传播目标应具备有效性和适当性，有效性是指在传播中达到目标的程度；适当性是指在特定场合下满足受众的期待程度。

二、服装表演的传播作用

传播是服装表演的本质属性。服装表演作为一种中介，搭建了服饰艺术创作和鉴赏的桥梁，使服饰设计作品被赋予了活力并进入大众的视野，提高了人们对服饰文化的了解程度，推动了服装及饰品业的发展；同时传播了时尚与文化，在社会精神文明的建设中，发挥出独特的价值。服装表演艺术传播的范围、速度、效果，以及传播的媒介都直接影响设计作品的社会认知度和接受度。伴随着消费文化的兴盛和艺术的产业化，服装表演艺术传播在服饰设计生产和消费之间的作用越来越大。当代多种传播媒介手段的融合，也改变了观众对服装表演艺术感知的方式，丰富了观众的审美体验。服装表演影响着时尚及服饰艺术的生存、发展和延续，为服饰文化传播和发展提供了无可替代的强大动力。

三、服装表演的传播特点

服装表演作为一种艺术形式的媒介载体，传递视觉文化，将时尚信息不断地传播扩散。时尚信息只有通过传播，被大众接受，才能实现社会价值和审美价值。服装表演艺术传播包括创作、传播和鉴赏三个循环互动的环节。服装表演作为嫁接服饰设计创作和受众鉴赏、产生购买行为的桥梁，是重要的构成要素。服装表演的欣赏，离不开现场展演、电视播放或网络等传播媒介。正是有赖于传播，以设计作品为核心的时尚艺术信息才进入观众的视野，服装表演活动才构成从艺术生产到价值实现的动态循环过程。服装表演的传播特点具有符号性和共享性。

（一）符号性

服装表演艺术传播作为人与人之间进行服饰艺术信息共享的社会行为，离不开特定象征性的符号。设计师设计服装及服装表演艺术创作的过程就是素材符号化的过程，服装表演艺术传播的符号化意味着设计师需将所要传达的思想、理念、审美观念等信息转化为服饰的款式、色彩等，并通过服装表演展示。通过模特的动作、造型、表情等，强化了时尚艺术的独特魅力，达到使受众对时尚符号进行解读，能够阐释、理解其意义，并拓展出丰富的审美想象空间，积极发挥能动性和创造性的目的。

（二）共享性

传播本身就意味着信息共享。服装表演艺术的传播不仅追求信息的共享，更追求服装设计师、服装表演制作及展示者等与观众认识的共鸣。服装表演艺术的传播一旦忽略观众观念的共鸣，就会因为无视观众而失去观众。信息、观念的共享，既是服装表演艺术传播的出发点，也是其目标。真正优秀的设计师和服装表演制作者应该积极借助艺术创作传播手段，谋求与观众的共识，对观众负责，确保传递的信息得到观众充分的接受和认同。

四、服装表演的传播要素

服装表演的目的在于服饰信息的交流与共享，传播是服装表演艺术活动不可或缺的环节，包含众多构成因素，主要有传播者、传播内容、传播媒介、受众、传播效果等要素。在传播过程中，这些要素相互联系、相互作用，共同构成了一个完整的服装表演传播有机体系。

（一）传播者

传播者是服装表演艺术传播活动中，有明确目的性的向受众传递服饰艺术信息的个人或组织，其中个人是指服装设计师、编导、经纪人、模特以及通过传播媒介从事媒体工作的人员等；组织是指以机构形态存在的，承担着服装表演艺术传播职能的社会团体，如经纪公司、服装表演制作公司、服装表演艺术院校以及电视台、网络平台等。传播者应具备传播力，从而把静止的服饰信息流动起来，产生尽可能好的传播效果。传播力是实现有效传播的能力，包括传播的信息量、传播的速度和精度、传播的效果等重要因素。

（二）传播内容

作为服装表演艺术传播的客体，内容是包含服装设计作品及服装表演制作在内的各类时尚艺术信息，这些信息是传播者和受众之间展开互动的中介，服装表演艺术传播过程就是传播者借助一定的媒介将服饰的审美及社会文化艺术信息传递给受众的过程。时尚艺术信息通常是由传播者构思、策划、精心制作、组建、挑选和采用的，作为服装表演艺术传播的内容，信息往往成为竞争的焦点。这是因为，在一个信息经济占主导的时代，信息已然成为发展的决定性因素。在服装业的发展中，谁领先占有时尚艺术信息，在设计、制造、处理这些信息方面领先一步，就会在市场竞争中脱颖而出，产生更广泛的社会影响力。

（三）传播媒介

任何艺术传播都需要借助一定的媒介才能完成，服装表演艺术也不例外。服装表演本身就是一种信息传播的方式，通过模特运用肢体语言展示设计作品，传达设计师的设计理念，但因服装表演自身传播的局限性，所以需要借助其他相应的媒介作为传播介质。媒介是传播者与受众建立联系的工具，其形式多样，凡载有信息的任何形式都可视为传播媒介，广播、电视、报纸、杂志和国际互联网等都是信息传播的媒介。服装表演艺术传播借助特定的媒介进行服饰艺术信息的传递，传播效果的好坏在很大程度上取决于传播媒介的选择与应用。媒介是服装表演活动从创作到传播，再到受众接收及消费的全过程的一个重要环节，它不仅实现服饰信息的物质传送，而且影响服饰意义、价值、效果的产生。借助媒介，服装表演艺术传播的速度更快、范围更广、效率更高。同时，媒介也融入服装表演艺术创作的过程，成为服装表演艺术的一部分，如借助现代数字技术和网络媒介，出现新的艺术形式。传播媒介的差异会形成不同的受众群体，而媒介资源的丰富化，可以更多地刺激人们的感官和效仿意识。

（四）受众

受众即服装表演艺术传播的接受对象，是接收、反馈服饰艺术信息的主体，在服装表演艺术传播过程中起着欣赏者和消费者的作用。服饰艺术及时尚信息只有在传播者与受众的交流中才能产生作用，受众在传播过程中具有不可忽视的重要作用。受众是一个集合性概念，不仅人数众多，且人员复杂分散，拥有各不相同的文化背景和需求，所以对服饰及时尚信息的理解、感悟会呈现出多样化的特点。受众不仅可以通过对信息的发现、解读、评价和反馈，直接反映服装表演艺术传播的效果，实现其传播的价值，而且可以潜移默化地影响传播者今后的艺术创作及传播活动，促进建构传播者和受众积极互动的动态传播流程。伴随着媒介技术的发展，尤其是在互联网技术条件下，受众还同时兼备了接受者和传播者的身份。

（五）传播效果

服装表演直接带有说服动机的传播行为及示范作用使众接受服饰及时尚信息的引领，产生学习和效仿的行为。这个过程是由三个层面构成：首先信息作用于人们的知觉和记忆系统，引起人们对服饰艺术及时尚的认识，这属于认知层面上的效果；其次，作用于人们的服饰及时尚观念或价值体系，引起情绪或感情的变化，属于心理和态度层面上的效果；最后，这些变化通过影响人们的购买行为表现出来，即成为行动层面上的效果。从认知到态度再到行动，是一个效果的累积、深化和扩大的过程。对服装表演传播效果的评估可以通过展示产品的市场销售状况，媒体及大众的反馈评论中获得。

五、服装表演的传播方式

服装表演艺术的传播方式包括现场表演传播、大众传播和网络传播几种方式。

（一）现场表演传播

现场表演呈现直观生动的视觉形象，具有较强的感染力，观众审美体验真切而强烈。在现场表演式传播活动中，服饰艺术及时尚信息的传播是即传即受，传播和交流同时进行，现场的一切变化，都会立刻引发观众的兴趣和关注，使得演出本身具有特殊的、唯一的、不可置换的艺术魅力。服装表演为了最大限度调动受众丰富的审美体验，综合音画、影像、服装、灯光、布景、造型等多种媒介手段来传达时尚艺术信息，充分调动受众视、听等多方面的审美体验，丰富艺术表现力，优化服饰艺术传播的效果。

（二）大众传播

大众传播是指专业化媒介组织借助高科技手段和产业化方式，向范围广大的受众传送信息的各种现代传播形式的总称。从媒介技术角度区分，大众传播可分为两大类：一是机械印刷媒介方式，主要包括报纸、杂志、书籍等；二是电子播映媒介方式，主要包括电影、电视、广播等。因大众传播覆盖率高、信息量大、传播迅速，已成为服装表演艺术信息传播的主要方式，以此达到大范围推广，追求艺术文化价值和商业价值的双重实现。大众传播虽然能够使服装表演艺术由小众走向大众，扩大受众群体，但也使得服装表演失去了现场独一无二的艺术价值，比较现场表演传播方式带给受众的感受而言，大众传播方式属于单向性较强的传播活动，缺乏直接的反作用力、感染力及想象力。

（三）网络传播

与大众传播方式相同，网络传播同样具有运用现代高科技媒介技术手段，面向受众广泛传播信息的特点。然而，与大众传播偏于单向信息传送不同，网络传播具有的互联性、互动性、开放性、快速性使其成为促进和推动信息交流的新一代传播方式，具有不可替代的传播优势。服装表演通过网络进行快速、便捷的传播，满足不同受众需求，使受众第一时间全面把握服饰艺术及时尚信息，较大地促进了的信息交流和共享。另外，在互联网中，受众还能够参与服装表演艺术信息的传播，使受传角色互换。

思考与练习

1. 什么是时尚？
2. 请简述时尚的特点。
3. 请阐述服装表演引领时尚的根本原因是什么？
4. 请阐述服装表演如何诠释时尚？
5. 请简述为什么服装表演能够推动时尚？
6. 什么是传播？
7. 请简述服装表演的传播作用是什么。
8. 请简述服装表演的传播特点。
9. 请阐述服装表演的传播要素。
10. 请简述服装表演的传播方式。

服装表演人才的培养模式

课题名称：服装表演人才的培养模式

课题内容： 1.服装表演人才培养的目标

2.服装表演人才培养的现状

3.打造新时期服装表演人才培养理念

4.构建服装表演人才培养特色模式

课题时间： 4 课时

教学目的：使学生掌握服装表演人才培养的目标、现状以及培养复合新型服装表演人才的详细内容。

教学方式：理论讲解。

教学要求：重点掌握培养复合新型服装表演人才的内容。

课前准备：提前预习相关理论内容。

第五章　服装表演人才的培养模式

我国高等院校特有的服装表演专业是在服装产业和时尚传媒产业的快速发展下产生的，也是在对服装表演专业人才需求个性化及对行业适应性提出更高要求的大环境下产生的。作为适应社会和行业需求开设的专业，在人才培养上除了具有一般专业人才培养的特点，更具有其专业特殊性。

第一节　服装表演人才培养的目标与现状

高等院校培养服装表演专业人才，是为了符合学生个人的成长发展，促进学科和产业的进步，满足社会和行业的需要。

一、服装表演人才培养的目标

服装表演人才培养通常指通过以专业教学为中心的一系列培养方式，塑造掌握服装表演艺术理论和技能的专业人才。早期的服装表演人才指综合素质较高的模特，他们经过表演、形体、舞蹈等基础专业训练，学习塑造展示服装艺术形象的基本能力，了解舞台艺术、编导艺术，能够与服装设计、摄影、编导、舞美等相关人员协调配合，在表演中能高质量完成不同服装风格的展示。然而，经济、文化全球化的影响下，时尚在发展中不断呈现出多元共存的态势，服装表演行业更加趋向国际化、职业化和多元化。服装表演人才的培养不仅仅要训练合格的模特，更是要打造具有良好素质的文化传播者。因此，高等院校服装表演专业人才培养必须更新教育观念，及时了解时尚发展新动向，追随时尚变化新趋势，与市场紧密接轨，并积极探索人才培养的新模式，按照新业态的需求培养人才，以提高人才的核心竞争力。联合国教科文组织把高等教育分为学术型（Academic）、应用型（Professional）。与之对应，我国关于特色发展高等教育的政策也有利于人才培养模式的多样化，为本科院校服装表演专业对应用型人才培养目标的定位提供了一个宏观的背景。目前高等教育的质量是以社会需求、行业发展以及社会适应性作为评价标准，所以，服装表演专业的应用型人才培养必须应时而变。创新培养模式，进行知识更新与整合，改进教学方式，调整课程结构，强化开放性与兼容性；构建实践教学体系，突出实用性，重视联合行业培养人才等措施。必须以培养出表演基础扎实、综合能力强、个性突出的应用型展示人才，满足新业态下的社会及时尚产业的需求为目标。

二、服装表演人才培养的现状

时尚产业的快速变化，带动了服装表演行业的高速发展，这对模特的综合素质提出了更高的要求。目前中国模特的职业教育以社会培训机构和院校培养这两种模式为主。社会培训机构通常是以模特公司或企业形式介入教育市场，培训时间较短，以培养模特职业技能为目的，注重实用性。相比之下，纺织、艺术、体育类等高等院校开设的服装表演专业是以学历教育为目的，在课程设置与人才培养模式方面比较系统，以培养适应社会发展和市场需求的人才，挖掘更多文化产业和创意时尚产业相关的高水平复合型人才为目的。除此之外，高校服装表演专业同时培养了大批模特教育、时尚编导、形象设计、服装设计与管理、市场营销、时尚媒体公关、时尚品牌推广等与时尚创意产业相关的专门人才。然而高校服装表演专业在进步与发展的同时，仍普遍存在一些薄弱环节需要改善，诸如专业实践力度以及与市场的结合仍需加强，教学内容的丰富性及实用性有待提高，课程设置与教学模式有待创新等。

（一）课堂教学与实践脱节

服装表演是应用型的专业，实践性极强，所以，培养应注重将课堂学习内容用于实践，为时尚产业创造有实用价值的人才。但从目前来看，大部分高等院校服装表演专业在人才培养上注重的主要教学形式是课堂教学，而实践教学及管理的重视度相对较弱。也有一些院校由于所处区域的时尚产业发达程度不高，缺少实践的环境和条件。一般来说，学生通过课堂学习只能"入门"，掌握基本的知识和技能，尚不足以适应服装表演舞台的快速发展和变化，更不具备在舞台上的表现力和驾驭能力。服装表演的职业特性决定了其演出实践的重要性，如果学生缺少大量演出实践，并且课堂学习内容不能随着时尚产业发展同步更新，与职业本身所需要具备的素质要求不统一，就会造成学生步入行业后产生极大的不适应。实践是服装表演教学的成果体现，只有把课堂教学与舞台实践有机的结合，才能达到培养人才的最佳效果。

（二）统一化培养与具体化要求不对称

高校的统一培养模式，使培养出来的学生在表演及相关实践中风格程式化，缺乏个性，缺少自己的风格特点，灵活性不足。多数学生对国际时尚流行趋势的变化缺少敏锐的洞察能力，对服装表演的理解不够深刻，不能根据服装、音乐的风格变化及舞台环境的改变调整出相应的展现形式。然而不同类型的服装表演对展示有着不同的要求，单一化、模式化的风格特征根本无法适应需求，这就导致高等院校培养的学生都需要经过一段时间的磨合和调整才能真正融入专业 T 台。

（三）专业人才基础薄弱

在时尚业发达的国家，已经有了相当成熟的优秀模特的培养经验。模特的培养一般是通过专业的机构进行，许多模特在幼年就开始接受严格、系统的身体素质训练以及文化教育，在身体形态得到较为完美塑造的同时，文化素养和独特的个性也在长期的积累中形成。培训机构一般将培养课程分成模特修养、模特专业培训和实践体验三部分。除了教会学员如何健身，保持良好的体型，还为学员提供学习如何进行自我形象设计，以及如何快速掌握国际上最新的流行信息。在对模特内涵的培养上，开设世界文化、心理学、社交礼仪等综合课程，培养模特形成具有魅力的人格和鲜明的个性，在面对观众以及摄影、摄像机的时候，能够通过形体语言和有修养的谈吐游刃有余地表达和展现自己。在课程的安排上注重训练课和实践课的结合，让学员在实践中得到更多的舞台经验。除此之外，还开设专门的体验课程，让学员了解国际知名模特、社会名人的生活和社交方式，安排学员出席高层次的社交活动，并邀请国际知名模特、摄影师、编导亲自来为学员传授经验。相比较而言，中国模特在青少年时期形成的基础较为薄弱，许多模特在艺术审美、文化素养和个性培养等方面都没有打下良好的基础。要解决这些问题，高等院校服装表演专业必须注重教育改革，加快提高学生专业水平的培养，重视夯实人才的综合素养。

第二节　培养复合新型服装表演人才

高等院校培养服装表演专业人才除了具有一般专业人才培养的特点，要更注重体现职业化、国际化和多元化的特殊性。所以，要有突破性和针对性的创新定位，以培养出一批专业技能过硬、知识广泛、素质全面、有创新生命力的服装表演人才为目标。

一、打造新时期服装表演人才培养理念

（一）结合实际发展专业特色

在时尚产业快速发展的今天，模特已远非过去人们通常所理解的展示服装的从业者。以新媒体、新结构、新背景为基础的时尚领域，对模特提出了更高的要求，不仅要求他们具有扎实深厚的T台展示技能，更要求他们成为时尚产业新的发展形势下需要的复合应用创新型人才。时尚产业的多元化与个性化发展，使得其对服装表演人才的需求必然呈现出多层次、多样化的特征。所以，服装表演人才的培养不再是统一模式，不同地区应该结合区域特点和资源优势，设定相应的培养目标，创建别具一格的培养模式，即在强化服装表演学科基础教育的基础上，实行个性化培养，形成自己的专业特色。

（二）加强学校与行业的联合培养

教育应该适应经济与社会的发展，服装表演是一种专业及实践性极强的社会行业，这就要求服装表演人才不仅要具备高超的专业技能与素质，还要具备良好的实践能力，而我国大多高校服装表演教育的主要问题就是实践教学环节薄弱，学生实践严重欠缺。服装表演人才的培养离不开行业的需求，成长也离不开与行业的合作环境，所以，服装表演人才的培养应重视与行业有机的结合，采用与行业联合培养的模式，努力寻求并建立实践合作关系，加强模特实践教育方式和渠道的改造，为学生提供最佳的实践平台，促进教学与时尚产业的良性互动。只有这样，服装表演教育才能更好地发展，进而促进时尚产业健康积极的发展。

（三）加强国际化培养

经济全球化加速发展，中国服装产业也在加快国际化的进程。与之相关，服装表演行业也正在快速发展，在国际上日益占据重要的地位，但中国模特想要具备较高的国际竞争力，还需要不断提升国际化视野，改变思维模式等方面的不足。这就要求高等院校要建立开放环境下的服装表演人才培养机制，充分借鉴世界先进国家模特培养的成功经验，培养出更多的具有国际水准的服装表演人才。加强与国际知名模特机构的合作，以及组织学生参加国际性专业赛事，可以为学生创造接触、参与国际实践的机会与平台，了解国际职业规范，培养学生的国际视野，提高参与国际竞争的能力。

（四）提升文化自信

在国际时装舞台上，多数外国模特表现轻松自然、气质洒脱大方，相比之下，国内不少模特显得不够自信。有些中国模特一味模仿、强调风格西化却忽略了自己的东方特色。从地域和人种方面比较，中国模特不能完全照搬西方的做法，而应根据自身的优势，形成具有中国特色的美感、风格和表演特点。服装表演教育，应注重传统文化的植入，中国文化广博而独具魅力，在世界文化舞台上占有重要地位，生长在其中的中国模特不该摒弃对本土文化的挚爱和展现。只有植根于本民族独特而丰富绚烂的文化并加以继承和发扬，充分利用自身的文化背景和文化气质，形成独特的个性和文化内涵，才能提升个人自信心，树立自己独有的形象，也才能引起世界的关注，并在世界T台上占有一席之地。

二、构建服装表演人才培养特色模式

模特职业的特殊性，决定了人才培养必须具有鲜明的、先进的、顺应时代发展的特色。目前高层次、复合型服装表演人才比较短缺，究其原因，是特色人才培养力度不够。高校服装表演教育应积极主动的适应社会需要，但不是跟随发展，而应是有前瞻性地预测模特行业的发展趋势，引领行业的发展。服装表演人才培养不能只是技能培养，而应坚持综合艺术审美、人文精神、职业理念与道德的全面培养，将学生培养成完整的、全面发展的人才。因此， 立足于模特职业的特点和时尚产业发展的实际需求， 探索服装表演人才的培养模式，结合模特行业发展的特点，明确培养目标，建立具有先进特色的人才培养体系，才能造就出更多时尚产业需求的、有特色的、高质量的、具有市场竞争力的专门人才。

（一）注重理论结合实践

服装表演是在服装市场发展的直接推动下产生的。"服装"和"表演"都与现实生活紧密关联。服装表演专业人才培养要注重课堂教育，但也不能忽略这是一门实践性较强的应用学科， 学生专业技能的掌握和应用需要大量的实践才能实现。服装表演的本质特征在于与实践紧密相关，这就决定了专业人才培养过程中要贯穿不断地实践，实践可以检验服装表演人才培养的课堂教学成果，能够帮助发现学生在学习过程中存在的种种问题并改进，以练带学，以练促学，最终促进学习的提高。因此，在人才培养上， 应根据时尚产业发展的需求和行业特点，避免课堂教育与实践脱节，专业的教学要立足专业特点，坚持特色教学， 把握实现人才培养的突破性，兼容理论知识、技能技巧和实践应用于一体，结合市场需求及行业发展趋势，有针对性的提高服装表演专业人才实践水平，探索出人才培养的规律。只有把课堂教学与舞台实践有机的结合，才能达到培养人才的最佳效果，让学生能够学以致用，成为时代需要的创新型服装表演人才。

服装表演人才的培养必须坚持理论与实践相结合，只有实践经验而不具备理论基础或只有理论基础而不具备实践经验的学生，都不可能被打造成专业素质硬、实践技能强的服装表演复合型人才。

（二）注重多学科交叉体系的培养

服装表演人才培养和其他艺术人才培养有许多的共同点，更有其自身的特点，模特职业的特殊性和发展需求决定了在把握人才培养基本规律的前提下，既要坚持知识的专业性，加强对服装表演相关知识的教育，同时也要坚持知识的综合性，加强对多领域知识的储备，重点突出模特人才培养的特殊性。设置能够提升专业素质能力，以适应职业发展的相关课程是服装表演人才培养质量的决定性要素。所以，人才培养应避免知识面过窄，知识体系复合程度不高，人文素养不足，从而导致培养的人才难以适应现代时尚产业多层次、多方位的需求。应建立多学科复合教育的课程体系，以服装表演专业课程为主体，辅以时尚传播、艺术审美、礼仪修养以及社会文化等综合学科知识的融入，设计增添适合模特发展所特有的学习内容，增加知识结构的宽度，使教育体系严密规范。增强课程之间应有的联系性及理论和实践的衔接性，培养学生综合运用知识去分析问题和解决问题的能力，使学生在不断发现问题、解决问题的过程中成长。提高他们对时尚现象的认识和理解能力，促进个性发展和全面发展，满足自身竞争优势的需要。

模特的职业发展很大程度上受到年龄的影响，但从长远的角度考虑，为取得更大的成就，在不断累积实践经验的同时，必须具备扎实的学识基础，静心沉淀，才能"博观而约取，厚积而薄发"。

（三）注重职业道德培养

服装表演人才培养，不仅要作用于外在形体表现力、创造力和内在综合素质的培养，同时要注重职业道德的加强。从模特的年龄阶段看，无论是人生观的层次性、价值观的取向性、情感的稳定性、意志的坚韧性，还是人际交往的成熟性都亟须培养和提高。职业竞争带来的压力、人际关系的复杂、未来发展的迷茫，都集于模特一身，稍有不慎，容易形成一系列不良行为。因此，在这个关键时期，培养模特掌握职业技能，提升职业素养的同时，应把职业道德纳入到整个培养体系中去，注重培养模特的社会责任意识、法制意识，正确的伦理观，避免急功近利。提高自我塑造能力，加强社会领域的洞察力和分析能力、人际关系协调能力、职业适应能力和创新能力等素质的锻炼，不断完善个性特征和人格心理，形成高尚的品德和正确的职业操守。

模特职业道德准则应包括以下内容：热爱祖国，遵纪守法，爱岗敬业，自尊自爱；加强社会责任感，创造高尚的艺术形象，坚持健康的艺术趣味，反对低级庸俗；以严肃认真的态度对待创作和演出，讲究艺术质量；自觉加强艺术修养，学习中外文化艺术，外事交往中不卑不亢，不辱国格；尊重民族风俗和传统习惯；刻苦提高职业技能，不断提高专业水平；遵守行业规则，履约守时，积极合作；讲究仪表，举止文明，尊重他人；严格要求自己，树立高尚情操；树立正确的世界观、人生观、价值观，反对虚荣攀比；加强法律意识，遵守演出合同条款；掌握相关法律知识，了解合同法、税法、广告法、劳动法的相关知识以及民法中有关隐私权、肖像权的知识。道德培养与专业能力培养并驾齐驱，才能够为社会培养出遵纪守法、德才兼备、卓越的高质量复合型人才，真正实现服装表演人才培养的新突破。

思考与练习

1. 请简述服装表演人才培养的目标。
2. 请简述服装表演人才培养的现状。
3. 请阐述新时期服装表演人才的培养理念。
4. 请阐述如何构建服装表演人才培养特色模式。

服装表演
实务

服装表演的组织与编创

课题名称：服装表演的组织与编创

课题内容：1.服装表演的类型

2.服装表演的组织过程

3.服装表演编导及工作内容

4.服装表演创作

5.服装表演的舞美设计

6.服装表演的音乐设计

课题时间：8课时

教学目的：使学生掌握服装表演组织与编创的详细内容。

教学方式：理论讲解结合具体实例。

教学要求：重点掌握服装表演编创的内容。

课前准备：提前预习相关理论内容。

第六章　服装表演的组织与编创

第一节　服装表演的组织

举办一场服装表演要根据类型和规模进行组织，活动需要投入大量人力和财力，而且会面临许多困难和挑战，具体工作繁杂，涉及多方面人员及工作内容，所以组织工作是否严谨有序，决定了表演活动成功与否。

一、服装表演的类型

依据表演的不同形式、特点、功能及侧重，服装表演可分为三大类：商业型服装表演、艺术型服装表演和文化型服装表演。

（一）商业型服装表演

商业型服装表演是指以营销为目的而进行的服装表演，是将某个品牌或某位设计师的新一季设计产品进行展示，树立品牌形象，提高品牌知名度。服装多为实用性功能较强的、在生活中穿着的服装。

1. **订货型服装表演**　订货型服装表演由成衣制造商举办，展示新研发生产的实用类服装，观众通常由经销商及销售代理商构成。这类表演不过于追求艺术表现形式，为观众清晰呈现服装的结构、面料、工艺、色彩为目的。

2. **发布型服装表演**　发布型服装表演通常展示与服装相关的研究机构、企业或设计师个人设计研发的流行趋势新品，这类服装含有时尚元素或新功能并具有预测性和流行指导性，传递色彩、面料或设计风格信息。流行趋势发布往往由与纺织品、色彩、服装相关的协会组织举办，世界各地的时装周，是集中举办发布会的专业平台。发布型服装表演，往往会更重视发挥新闻媒体的传播作用。

3. **零售型服装表演**　这类表演往往在博览会、大型商场或专卖店中举行，是为了吸引顾客购买服装商品举办的促销型表演。

（二）艺术型服装表演

艺术型服装表演体现了设计者的创作灵感、创意思维、特殊风格以及超现实的设计理念，这类服装不具备实用性。设计者往往是个体设计师或服装设计专业的学生，表演往往采用丰富的艺术表现形式。

1. **服装设计比赛** 服装设计比赛目的是挖掘有才华的设计人才，服装由众多参赛者提供，通过竞赛形式进行系列展演，服装风格较为多样化，由专业评委进行评判。

2. **创意设计表演** 创意设计表演以展示设计师的设计灵感和创作才华或以树立某企业品牌形象，宣传品牌文化为目的。服装具有创意性强，夸张或前卫的特点，为突出设计，往往强调营造表演艺术氛围。

3. **学生设计作品展示** 这类表演展示服装设计专业学生的课程作业或毕业设计作品，以汇报教学成果和展现学生的设计能力为目的，设计构思往往天马行空、不受拘束。

（三）文化型服装表演

文化型服装表演以体现和交流服装文化为目的。

1. **学术交流类服装表演** 这类表演是由学术机构，包括服装、纺织品、色彩流行等研究机构以及服装专业院校等组织举办，往往体现对服装文化或设计的学术研究成果。

2. **文化交流类服装表演** 这类表演往往集合了不同国家、地域的传统或民族服装，以体现各自服装历史文化或民族文化特点，进行服装文化交流为目的。

3. **设计交流类服装表演** 这类表演多体现在现代服装文化交流中，由不同国家或地区举办，邀请其他地域优秀设计师与本土设计师共同交流展示设计原创作品，相互促进设计水平提高。

服装表演极具观赏性，能带给人艺术享受和美的熏陶。所以，服装表演还以多种其他艺术形式出现在不同的舞台上。例如服装模特大赛，虽以选拔优秀模特或模特新人为目的，但是会通过模特穿着演绎不同风格的服装，进行表演综合素质的评审。再如，为了丰富人们的文化生活，在一些大型文艺晚会，也包括电视晚会中，常常会出现服装表演，丰富了节目形式，体现了文化娱乐性。另外，一些庆典、联欢或公益类活动中，也常常会设置服装表演，以丰富活动的形式内容、提升活动的优雅氛围和艺术感染力。

二、 服装表演的组织过程

服装表演的组织过程就是针对表演项目所开展的计划、决策、管理、协调、沟通和控制等内容所构成的过程。举办单位和参与表演制作的团队要分工协同，只有分工明确、联手合作，才能配合默契，各自发挥主观能动性。组织一场服装表演活动，应明确具体实施步骤，掌握每个步骤的核心要素，并保证活动按照步骤有序实施。

（一）决策与计划

《礼记·中庸》中有"凡事预则立，不预则废"，意思是做任何事要进行预先计划、事先谋划的意思。决定组织一场服装表演活动，应该掌握一定的决策策略。影响决策的要素有活动目的、现有条件、活动方式等，决策与计划应从分析决策的要素入手，确定活动各项内容的目标，然后决定活动的具体方式安排等。

1. 制订活动方案　举办一场服装表演活动，举办方应围绕目的和规模整合资源，制订合理的执行策划方案，方案作为表演活动实施的依据，要确保有效性和可行性。

（1）活动的目的：任何一场服装表演的举办都有一定的目的，作为组织者必须明确活动的目的并将其总结凝练成活动的主题。在活动策划、组织和实施过程中围绕这个目的和主题展开工作，不偏离既定方向。

（2）活动的时间和场地：活动的时间和场地在选择时，要考虑天气状况，参与者如何前往活动地点和所有人员的组织秩序等因素。

（3）确定团队及分工：围绕演出活动的各项工作，如设计策划、宣传联络、项目施工、观众及嘉宾邀请、媒体邀请、行政后勤等内容，举办方应确定各项工作组织与执行的内部工作团队及人员配备，要详细列明具体工作事项，确定人员分工及执行力度，要清楚工作之间的关系。另外，要根据演出性质及规模，选用与表演制作相关的编导团队、模特团队、舞美制作团队、化妆团队等。

（4）活动的日程安排：这是策划方案的重点，主要是确定活动项目内容及时间安排，如活动规模较大，也会涉及餐饮、住宿和交通安排等，日程安排需要组织者尽量征集各方面的信息，反复地修改和完善，才能保证活动的可操作性。

（5）体现特色：举办一场活动，在可操作的基础上体现一些特色，往往会起到画龙点睛的作用。例如表演场地的选择、现场环境布置、媒体预热宣传、特殊嘉宾邀请、观众入场形式及座位安排、邀请函或请柬的设计、签到设计及为观众和嘉宾准备的礼品等都可以精心策划，体现不同于其他同类活动的特点。

2. 制作活动预算　预算是活动前期管理的一部分，必须结合活动举办具体目标和规模，对需要支出的各项经费进行详细的制定。具体来说，涉及举办一场服装表演活动的预算主要包括：与服装相关的设计、面辅料、制作等费用；与演出策划制作相关的编导制作、模特劳务、舞美设计制作、化妆造型等费用；与媒体宣传相关的宣传内容拍摄、宣传品印刷、媒体邀请等费用；还有其他费用，如场地租赁、设备租赁及运输、嘉宾邀请、人员食宿及交通、接待、清洁费用等。需要注意的是，在传媒业发达的今天，要重视传播的作用以及在媒体宣传费用上的投入。

（二）运作与实施

活动方案确定后，就要进入运作与实施阶段，即服装表演活动项目举办或进行的过程，这是组织活动的中心环节。在此阶段，所有工作要按照实际分工进行开展，包括组织和协调人力资源及其他各项资源，组织和协调各项任务与工作之间的衔接，确保各项目团队完成既定的工作计划，完成项目预定目标。

实施过程的主体是活动组织实施和管理，其中最为主要的工作内容是：表演活动任务范围的进一步确认、计划任务的实施、活动质量的保证、活动团队的建设、活动相关信息的传递与沟通、合同管理等。这些工作中，有些是独立进行的，有些是依次进行的。过程中要不断研究细节、完善方案，随时检查各项工作进度和质量，及时发现并解决问题，以保证整体工作正常、协调运作，才能确保最终圆满完成预定计划。实施过程中要对活动范围、进度、成本、质量、风险等加以控制，控制要贯穿活动的始终。

活动的实施中，所有人员应按照分工，确保活动能够按照日程安排进行。另外还包括活动期间的各种注意事项，如活动纪律、财物安全、人身安全等。活动实施结束后，举办方要及时评估，总结经验，寻找问题，为今后再举办服装表演活动提供可借鉴的参考内容，不断提高活动举办水平。

第二节　服装表演的编创

服装表演的编创是依据演出的目的，集合多种艺术手段进行具体创作的过程。一场服装表演要经过编创，才能实现从整体构思和规划到表演风格和程序的确定，每一个环节都要经过设计、组织，才能确保有效实施和完美呈现。

一、服装表演编导及工作内容

（一）什么是服装表演编导

编导，顾名思义就是"编"与"导"的结合。服装表演编导在时尚艺术的感染和启迪下，将观察服装的独特感受、理解、认识，通过模特和特定的环境，运用一定的结构形式予以表达，形成一场表演。编导思维和审美观念的差别，导致了服装表演创作在结构、新意、角度、形式上的不同。具有创造性思维的编导，会不断跨越旧思维、旧模式，不断地推陈出新，善于运用自己的思维，不停地更换思考问题的角度，其审美取向是"喜新厌旧"，不安于平庸的。

需要注意的是，服装表演编创是一种基于服装设计作品的再创作，编导的一切创作构思要兼具体现商业、艺术价值，以展示服装、体现设计师创作思想、宣传品牌文化、提升企业销售业绩等为目的，而不是只为了突出编导个人艺术创作才华。

（二）服装表演编导的工作内容

一场服装表演制作涉及的事务繁杂，编导要对各环节的标准提出设想和要求并把控总体质量。作为核心指挥人员的编导要具备果断的领导力、决策力以及应变力，才能够高效组织协调并沟通各方面成员协同完成表演的各项任务。具体工作流程如下：

1. **项目接洽**　与服装表演活动举办方负责人及设计师沟通洽谈，了解演出项目计划内容，包括演出类别、目的、性质、规模、观众结构、时间、场地、日程安排以及表演服装和饰品的风格、数量等。这部分工作在时尚业发达的国家，是制作公司主要负责人的工作职责，但在中国多数是由编导来完成。

2. **制定项目方案**　项目方案是指编导根据举办方的项目内容，对演出整体工作进行构思以及对演出形式形成初步创意，并对各项工作按时间进度进行工作流程制定，如对面试模特、试衣、舞台及舞美设备搭建、排练、化妆造型、演出等工作开展时间、进度及质量标准加以说明。

3. **制定项目预算并签署协议**　项目方案确立后，要根据方案内容，形成经费预算。预算包括编导制作费、模特劳务费、舞美设计及制作费、音乐制作费、化妆造型费以及辅助演出工作的相关人员费用等。有些演出，活动举办方会将环境设计、公关、媒体、视觉设计等工作也交于编导一并完成，也需要形成相应预算。预算方案通过后，要与举办方签署协议。

4. **执行团队组建与实施**　编导通过对表演目的、内容等各方面信息及条件的把握，按照时间进度组建制作团队以及整合外协团队。制作团队人员构成包括编导、执行编导、模特管理、后台管理、催场等人员；外协团队包括模特及经纪管理团队、舞美设计及制作团队、化妆造型团队等。一场服装表演成功与否，取决于各团队的专业水准以及团队间的默契配合。制作团队确立后，编导应组织相关团队成员对表演进行策划设计，制定演出方案，具体包括现场空间及布局设计、演出形式设计、舞台设计、灯光效果设计、音乐选编等。所有设计内容，要在排练前按照预定方案的标准制作完成。

5. **模特选用**　模特是服装表演的核心人员，服装表演是通过模特的肢体动作和姿态造型的有序结构，表达设计作品的设计理念及内涵，所以模特的选用非常重要。一场服装表演，要组织模特面试，模特的选用要根据演出类别、形式确定。面试往往是由服装设计师、品牌展示负责人、编导共同进行，对模特的形体、形象、气质、表现力等专业素质进行考察，往往也会观察模特的仪态举止、应变能力以及内在涵养等综合素质。在能够准确把握服装风格特点的基础上，敏锐地寻找到具备相应条件的模特，实现服装与模特相互融合、完美呈现的效果。挑选模特，一般是由经纪公司组织模特进行面试，或通过模特资料进行推荐。模特的人数，往往要根据演出服装套数、服装设计及搭配的复杂程度、演出时间长度、演出规模等确定。

6. **试装**　试装，就是由模特试穿演出的服装。试装前，编导要组织制作团队做好准备工作：将服装按照演出顺序编号，挂放在龙门架上；根据模特的形体数据，对模特进行分组及排序，做服装分配计划；准备用于保护服装的垫布、头套等物品和工具。试装时按照服装系列及展示顺序，将不同风格、尺码的服装及饰品分配给具有相应形体条件、气质及表现力的模特，然后由模特进行试穿戴。试装的过程中，会根据着装效果、服装的合体程度等进行模特或服装的调整。试装环节的工作，往往设计师或服装搭配师会与编导共同进行。在试装的同时，一般要进行拍摄，拍摄的照片将用于制作演出脚本。

7. **排练**　与任何其他舞台表演艺术相同，服装表演也需要在正式演出前进行排练及彩排。排练就是通过模特、服装、音乐、灯光、视频、特效等实现并调整编导创作构思和计划的实施过程。编导首先应该通过讲解使模特了解演出的创意、表演风格以及演出注意要点，指挥模特熟悉和适应场地，掌握上下场位置、出场顺序、行走线路、造型位置、模特间隔距离及队形变化，有些特殊表演形式编导还要示范或启发模特结合音乐风格练习行走及姿态造型、体现节奏及表现力。在正式演出前，要进行彩排，即完全按照演出的标准和程序进行预演，所有工作人员，包括舞美、灯光、音响、视频等人员必须全部就位。彩排的目的是检查表演实际效果，提早发现演出中可能出现的问题并做及时调整，以确保正式演出的流畅完整和万无一失。

8. **化妆造型**　正式演出前，模特要进行化妆造型，使模特的整体形象与服装风格、演出主题和形式达到协调统一。编导要根据演出创意方案对化妆造型师提出模特造型设计要求，造型设计的风格、色彩及装饰要与服装的色彩、款式、面料质地以及表演环境等因素相吻合。不同类别的服装表演，要考虑不同的造型特点，同时，还要考虑造型与模特形象气质的吻合。有些设计师个人作品发布会，设计师本人会对模特化妆造型有预先的设想，往往也会由设计师本人与化妆师沟通造型方案。

9. **演出**　在正式演出中，是以编导为核心，协调控制所有与演出相关的工作内容，任何一项内容，如模特的出场、音乐及视频的播放、灯效及特效的呈现等，都要由编导对具体负责人员发出指令后再执行，所有工作人员要在编导的指挥下进行快速反应，协调配合。

10. **结束工作**　演出结束后，模特会快速换装离场，舞美团队也会迅速拆卸设备，编导要组织工作人员做好善后整理工作，清点服装及饰品的数量并检查质量，与举办方做好交接。

二、服装表演创作

（一）什么是服装表演创作

服装表演创作指编导为了实现服装展示的目的，在现有材料的基础上，遵循一定的程序，借助一定的方法，将决策、计划进行构思、设计、制作的过程；是将创意、内容、形式等进行系统思考，以点、线、面为基础，形成平面立体的复合策划。服装表演不是一味地重复、模仿、循规蹈矩，而是在服装表演常规制作基础上采用非同一般的手段，体现具有一定新颖性、创造性的奇思妙想和策划创意，是对历史、文化、艺术等底蕴以及服装设计元素的准确把握和升华。

（二）服装表演创作的内容和形式

服装表演创作的内容和形式的关系，是辩证统一的关系，没有内容，形式就无法存在；没有形式，内容也无从表现。这两者互相依赖、制约，各以对方为存在条件。内容起着主导和决定形式的作用，形式又反作用于内容。

1. 服装表演创作的内容 服装表演综合了服装艺术与表演艺术，服装表演创作的内容是构成表演内在要素的总和，由主题、题材、结构、环境氛围这几个要素构成。

（1）主题：主题体现表演服装的设计核心理念及精神内涵。通常主题是由编导经过对表演内容、性质的掌握后与设计师或品牌负责人充分沟通来确定的，也有的是由品牌或设计师提前确定好的。主题是对设计作品分析研究、精心提炼而得出的，也是对服装设计作品的认识评价和设计师理念的表达，决定了表演的艺术价值。主题一经形成，在整个创作中便居于主导地位，并贯穿于创作的始终。同时，主题对题材的选择，结构的安排，模特表演方式的运用都起着决定作用。主题是服装表演创作的目的所在，在整个创作过程中，编导要调动一切艺术手段为表达主题服务。

（2）题材：指服装表演编导在把握服装表演主题及服装设计风格的基础上，对其积累的文化、艺术等与表演制作相关的素材进行选择、提炼、加工后用于表演内容的材料，素材通常是题材的来源和基础，一个编导所掌握的素材越多，创作表现手段就越丰富。题材选择或形成受到编导的世界观、艺术实践、文化修养和审美情趣的影响。

（3）结构：服装表演的结构是表现设计作品主题和内容的重要艺术手段。在服装表演的具体创作过程中，编导根据表演内容选取素材，要考虑哪些素材为主要，哪些为次要，哪些素材要突出。注重服装展示的前后顺序，如何开场，怎样谢幕，如何安排模特，全部作品如何串联为一个整体等，这些都属于服装表演的结构。总的来说，结构既要符合主题的需要，又要符合服装表演的基本特点和规律，从开场到高潮，再到谢幕的整个过程，应当布局合理，结构既应完整，浑然一体，又要层次分明，富于变化。服装表演的结构虽不像其他舞台艺术表演，讲究起承转合，但也不能平铺直叙，尤其要注意开场和谢幕应体现不同寻常的特色，具有"虎头凤尾"的特点。结合服装表演的不同类别与展示形式，考虑到观众视、听觉疲劳等因素，一般性的服装表演时长为20~30分钟，比赛类的表演时长为60~90分钟，结构的安排要结合演出时长。

（4）环境氛围：指在服装表演现场及舞台上，为表达设计内容，由各种材料和灯光、色彩、音乐、视频相结合营造出的特定氛围。服装表演是一种在一定时空中由模特着装造型进行直观形象的表达并由欣赏者直观感受的表现性艺术，表演中环境和氛围要根据所要表现的内容、风格而有不同的艺术处理。从服装表演艺术的实践观察，一般以营销为目的的商业型服装表演，环境比较简单，模特是在比较明晰的环境中展示。有些创意性较强的设计作品，在表演时比较强调构建观赏性强、极具美感、引人入胜的具有艺术特色的环境氛围，这类服装表演可大大提升观众的审美情趣。作为一名编导，应时刻关注可应用于舞台的高新科技及新型材料的出现和应用，这些应用往往最能体现编导的创意水平。

2. **服装表演创作的形式** 服装表演的形式是表演内容的外化体现，是内在要素的组合方式和可以感知的表现形态。服装表演有多种类型，具体的形式受内容主导，创作一场服装表演，要根据相应的类别、内容以及演出的目的，确定用来表现的艺术形式。服装表演中模特展示一般分为单人展示和组合展示。单人展示就是模特保持一定间距，一个接一个出场进行展示，一般商业型服装表演会采取此类展示方式；组合展示，就是模特按照设计系列以组合形式出场，一般艺术型、文化型服装表演会采用此种方式。还有些服装表演会融入其他表演形式，如舞蹈、声乐或器乐表演等。无论是哪一种表演形式都必须适应内容，根据内容的需要而创作。商业型服装表演，以促进销售和发布新设计产品为目的，就不能在表演形式上太过复杂，以免分散观众注意力。而一些艺术型及文化型服装表演则除了服装本身，还要强调多元化的表演氛围，来对观众形成更大的视觉冲击力。内容决定形式，但形式并不是一种消极的、被动的因素，它反过来可以给内容以积极的影响。服装表演创作形式的优劣，直接关系内容表达得好坏和艺术感染力的强弱。完美的、适合于内容的形式，不仅可以帮助内容的充分表现，而且可以增强表演的艺术感染力。粗糙的、低劣的、不适合内容的形式则必然妨碍内容的表达，不能给人以审美的感受。

近些年，随着现代多媒体技术的突飞猛进和舞台艺术的综合化发展，服装表演有了更大的创作空间，为适应现代人审美需求，一些编导在表演形式方面进行了大胆的跨界融合和创新突破。当然，跨界不是简单的叠加和堆积，不是为了哗众取宠，更不是为了刻意地追求标新立异。另外，服装表演不能单纯追求形式的华丽，以致形式脱离了内容，片面强调了形式的作用而忽视了形式对内容的从属关系，破坏了内容与形式的统一。总之，当今世界是多元文化并存的时代，在这样背景下，服装表演编导对形式的创新要有自己独立的见解和思考。

（三）服装表演创作的原则

服装表演作为一种艺术的展现形式，其创作应遵循一定的原则：

1. **系统性原则** 服装表演的系统性原则，就是对服装表演创作进行充分分析，把服装表演看作是一个系统来进行管理。每一场服装表演都需要围绕表演主题把诸多资源、素材整合在一起，从表演信息集合分析、选拔模特、选择舞美制作及化妆团队等到试衣、排练、演出，每一个环节都是相对独立地进行。要把每一个环节做到最好，就要运用各种不同的方法、手段、工具，把握这些环节之间良好的互动，以及各功能和优势的互补性，确保有序性，及时处理内外环境不确定性因素的影响，以保证系统的运行，实现最终目标。在策划中，要力求达到色彩、格调、工艺、形态以及整体基调的和谐统一。

2. **创新性原则** 服装表演有其自身的特色，每一场服装表演都要随着主题及环境的变化而进行相应的创新，创新是不断优化的过程，创新性原则应该贯穿服装表演创作的始终。服装表演创作的创新性涉及形式定位的新颖，以及空间的布局、材料的运用、构造的奇特、色彩的处理等多个方面。在创作中，编导主观上要大胆设想，并与客观实际有机结合，要使封闭思维打开，形成开放性思维，尽量利用所有可用的资源，将创新不断地渗透至具体的创作工作中，不断地改善关键细节和要素结构，方便灵活地实现功能重构，逐步完善，最终达到整体优化。

3. **艺术性原则** 艺术性是编导的知识、灵感、经验以及分析、洞察、判断和应变能力的综合体现，目的是在服装表演创作中体现创意的新奇亮点和随机应变的灵活性，以做到出其不意。服装表演编导的艺术性体现在不同方面：首先，围绕主题进行整场表演艺术化定位及实现方法；其次，对表演舞台及周围空间进行合理规划、布局、设计，在结构化的构思以及色彩组合调配时都要融入艺术性；再次，要在舞美创意、模特表演形式、模特化妆造型等方面体现与整体构思相应的艺术特点。

（四）服装表演创作的艺术感觉

服装表演创作是一个艺术创作的过程，概括了创作的起始——艺术感觉，经过——艺术实践，和结果——艺术呈现。编导在创作中要具有理性的、认知的、科学的一面，同时包含了感觉、情感、想象等诸多要素。艺术感觉的形成是编导在进行服装表演创作活动中对服装表演主题及内容的反应，也是对创作条件、创作环境等一切客观存在的反应，是创造心理状态的直接体现。艺术感觉是由思维与个性构成，其形成与外界刺激的强弱以及编导的心境息息相关。艺术思维是编导创作的基本要素，是对服装表演的认识和反映的特殊思维活动，以生动感性的形象思维为主要特征，表现实践经验、艺术构思和塑造艺术形象的全部创作内容。艺术思维中一个重要的要素就是创造性思维，因为艺术创作本身就是种创造性的活动，是对客观现实创造性的认识和反映。创造性思维不同于一般思维活动，是人类思维的高级形式，是多种思维的综合表现，是发散思维和组合思维的结合，也是直觉思维和分析思维的组合。简单地说，创造性思维就是以客观条件为基础，进行想象和构思，解决未曾解决过和预见性问题的一种思维模式。艺术个性是编导在创造过程中形成的独有的心理特征，这种个性表现在服装表演的创造行为和呈现过程中。在服装表演中，不同的创作形式会有不同的表现和韵味，艺术个性往往使服装表演具有与众不同的、独特的艺术生命力。艺术感觉是一个编导在服装表演创作中区别于其他编导的重要因素，是在一定的生活实践、世界观和艺术修养基础上所形成的独特的生活经验、思想情感、个人性格、审美理想以及创作才能的结晶。艺术感觉非一日可得，要在艺术实践中不断地培养、磨炼、充实和发展。

三、服装表演的舞美设计

舞美，是指舞台美术。舞台美术设计要实现时间及空间艺术的统一，具有较强的艺术性、技术性、材料应用性等特点，并具有从属表演展示的功能及审美性质。服装表演是一种展示艺术，舞美设计要根据表演主题、内容等对舞台、背景、灯光等多种造型艺术手段进行有目的、有规划并符合逻辑的设计，适合服装表演的环境和外部形象，渲染表演氛围，实现形式与内容的完美统一。服装表演编导在创作中最重要的合作人就是舞台美术设计师。当编导对演出整体进行构思形成初步创意后，就要与舞美设计师共同交流磋商，舞美设计师在编导的整体构思基础上进行舞美设计。一场服装表演舞美设计的成功与否，取决于编导是否有明确的、创造性的艺术观念和构思，以及与舞美设计师的合作默契程度。

（一）舞美设计的内容

舞美设计直接体现服装表演的艺术构思和演出风格，对整个演出的节奏、意境、氛围、模特展示形式和表演风格都有着十分重要的影响。服装表演舞美设计的具体内容包括空间规划、舞台设计和氛围设计。

1. **空间规划**　服装表演舞美设计是基于运用不同的舞台材料和制作工艺的可实现基础上进行三维空间的规划。与其他剧场式表演不同，服装表演的舞美设计往往是在室内或室外特殊环境中，对完全不具备舞台环境基础的全空场地进行整体布局规划，设计不仅限于舞台及灯光、音响设备配置，往往需要融入环境艺术设计，还要涉及表演场地周边空间设计，包括演出现场环境布局、舞台与观众席位的关系、前后台关系、后台空间、媒体区及操控台区规划等，创造出满足功能、美观舒适、符合表演展示及欣赏需求的环境。另外，在舞美设计中虽然是以物理空间为载体，但也要考虑心理空间方面的内容，如空间结构、空间形象、空间与光影等。舞美设计师要具备良好的手绘或电脑制图技能，实现严谨的、遵从透视原则的、全面体现舞美设计的三维制图。

2. **舞台设计**　服装表演的舞美创意与策划集中体现在舞台上，舞台造型是利用立体背景板、平台和台阶组成模特展示及上下场空间，通过构造虚拟环境，刺激观众的视听感觉。在舞台的设计上，改变了传统舞台镜框式的面对面形态，以独特的舞台形式最大限度的打开展示空间，接近观众并拓展观众的可视范围，观众能够近距离围绕舞台，清晰感受服装表演的特殊魅力。随着服装表演个性化及风格化形式的拓展，服装表演舞台在 T 型台基础上，逐渐发展为多种台型，如"工"型、"干"型、"回"型、"U"型、"S"型、"H"型等。场地条件不同，舞台的高度、宽度、长度等也都有不同变化。另外，随着新型材料的不断开发和应用，舞美设计的创作手段及视觉样式越来越丰富，舞台的多元化艺术形式也得到了越来越大的发展。

3. **氛围设计**　服装表演的舞美设计起着多功能的作用，最突出的就是渲染氛围，氛围会成为模特与观众共享的精神因素，能够更好地引领模特展示和观众欣赏。舞美设计中，利用灯光、音乐、背景、特效等创造相应的氛围，使舞台效果和气氛充满活力和丰富多样。别出心裁的舞美艺术创意能产生新意，营造出特殊的舞台氛围，烘托环境及刻画模特形象，打造全新的视听觉盛宴。灯光是舞美氛围设计中的重要组成部分，线条、图案、色彩、明暗、虚实、定点或移动等艺术元素的组合或变化，都会微妙地影响着整个舞台造型及观众欣赏效果。服装表演中灯光运用应服务于服装展示，使观众能够看清模特形象及服装款式、结构、色彩和面料为前提，在满足这个前提的条件下，再创造表演氛围。随着科技发展，多媒体技术逐渐大量应用于服装表演舞美设计中，视频及虚拟影像等方面技术的运用及内容的不断更新也为服装表演提供了更为广阔的视觉传达空间，为更多大胆、前卫的舞美设计提供了丰富的创作手段，成为服装表演氛围多样化的重要组成部分，大大提高了服装表演的制作技术水平和展示艺术效果。

（二）舞美设计的原则

舞美设计的目的是通过视听性技术手段的辅助，呈现服装设计理念及精神内涵，并符合观众审美需求。虽然各类服装表演的舞美设计形式不同，但都应遵循共同的原则。

1. 突出主题原则　舞美设计要以突出服装设计主题和意蕴为目的，要融入设计思想内涵，合理运用色彩，灵活运用美学规律，根据展示需求设计背景，形成视觉冲击。营造的氛围要能够调动和感染观众的欣赏情绪，激发观众的想象与联想，使观众对模特形象和服装思想形成深刻的理解和认识。

2. 简洁原则　服装表演的舞美设计不是以表现环境为主要目的，而是通过巧妙合理的布局，突出服装展示，所以设计内容要高度凝练、概括，发挥服装表演艺术的长处，体现最具代表性的元素。舞台上要干净、简洁，不适宜烦琐的装饰、堆砌，否则容易对表演产生干扰、喧宾夺主、主次颠倒，效果只会适得其反。

3. 和谐原则　舞美效果既要以突出服装展示为前提，遵循舞美设计的简约原则，又要满足观众审美需求。要运用多种艺术元素体现服装表演灵活性、综合性和舞美设计艺术的独创性，所有的设计应服从整体需要，要使舞台结构画面具有和谐统一的视觉传达性。

4. 适用原则　舞美设计具有时间艺术和空间艺术相结合的特点，通过限定表演空间，提供模特展示及上下场条件。服装表演的舞美不同于其他舞台表演形式，很少会需要安排景物和道具。台面要尽量平整，而不是为突出造型美，将台面设计的错落有致，一切都以为模特提供充足的表演空间，利于模特行走展示为目的。

四、服装表演的音乐设计

服装表演是视、听觉兼而有之的综合性艺术，音乐是服装表演的先导和基础，是不可分割的重要组成部分。

（一）服装表演音乐的重要作用

服装表演中没有戏剧性和故事情节的体现，所以对音乐有较强的依赖性，音乐赋予服装表演饱满的色彩，使表演的整体构思能够得以充分展开，发挥服装表演艺术的表现力，达到完美的艺术效果。

1. 烘托气氛、深化主题　服装表演离不开音乐，音乐赋予了服装表演灵魂，使表演有了秩序，产生了律动的美感，成为有声有色的艺术。音乐虽然在服装表演中起到的是伴奏作用，但无论在结构和形式上，都要具有与服装作品相协调、吻合的特征，既要突出服装表演本身，又要统领和主导服装表演。音乐在整个表演过程中起到表达情绪、体现风格、烘托气氛、深化主题的作用。服装表演的成功与否，往往与服装表演所选择的音乐有直接关系。

2. 作用于表演和欣赏　音乐可以表达服装设计的主题思想，表现服装本身内在的韵味，还可以提高模特的乐感、美感和表现力，丰富模特的想象力和创造力，使模特更准确地把握服装的内涵，从而适宜地表现服装动态韵律，增加服装表演的艺术效果。音乐的结构、连贯性和逻辑性使服装表演具备了相同的因素，也决定了模特表演结构的特性和变化。服装表演音乐的节奏、旋律和音效都能够直接刺激模特的感官，深层次作用于模特内心，有效地调动模特的情绪，使其内心产生美感，激发表演积极性和热情，具有更好的表现力。模特的展示动作只有协调才能优美，而动作的协调来自于肌肉和神经的协调。音乐可以调动模特的肌肉和神经，使模特可以牢固地掌握步态和造型动作，将每一个动作控制在适合的速度、幅度和力度上，运用肢体语言将展示动作有机地结合起来，实现对服装内涵的展现和服装表演状态的把握及投入，使展示充满艺术的美感。

音乐与展示交错叠加，共同映衬，使服装表演成为足够被观众接受和欣赏的艺术。由于有音乐的衬托，使得服装表演充满丰富的内涵，并促进了对观众的感染和影响。音乐能够深层次的作用于观众的内心，使他们对服装的思想和表演的情绪更容易把握。音乐的意境感和表现力能启发观众对服装设计理解与联想。

总之，没有音乐就无法更好地表演或欣赏服装。

（二）服装表演音乐的结构特点

服装表演音乐的运用要考虑服装作品的风格、材料、文化色彩等因素，也要兼顾模特表演的展示性和观众的欣赏性。所以，音乐结构必须适合服装表演的特点，结构包括开头、发展、高潮、结尾，所以在运用节奏、旋律、力度、速度、音色等方面的元素时要比较严谨、讲究。目前国内服装表演使用的音乐极少专门制作，一般为表达鲜明的服装主题、内容和风格特点，以及表现模特的展示，选用适合的音乐，或通过挑选音乐素材把不同的两首或两首以上的音乐剪辑合成在一起使用，偶尔也会采取乐队现场伴奏的形式。同一个服装表演主题由于音乐选择的差异，可以使表演显示出不同水准，在表现风格、艺术效果和艺术境界方面也相差甚远。在音乐的选择和创作上，应该更具体、凝练，不仅激发服装表演编导的创作激情、灵感和想象力，更能激发模特塑造艺术形象的深刻性和感染力。

由于一般性的服装表演不体现戏剧性及情节性，所以音乐相对整齐、规律，节奏较为突出，适合于服装表演艺术的表现。服装表演音乐以器乐曲为主，音乐的和声、配器和曲式结构较为简单，相对单纯和固定，吻合了服装表演以展示服装为本体核心因素的特征。同时，也易为观众理解，给予了观众极大的艺术想象空间。

服装表演音乐在结构方面既要考虑其本身的特征，又要考虑服装表演艺术的特征，音乐与服装表演作品的结构要相吻合，所以音乐结构尽量简练、情绪鲜明、旋律流畅。

服装表演的主题和模特展示风格要结合音乐，构思要以音乐的结构为依据和基础，才能成为一场完整的服装表演作品。结构中要有发展的过程，要根据作品风格的变化进行创作和处理，来突出和形成某些服装典型风格和典型特征，同时要确保整场服装表演的完整性及各个系列结构的完整性。

（三）服装表演音乐的艺术特征

服装表演是具有感染力的视、听觉感知表演艺术，需要通过模特肢体动作展示服装形成视觉冲击，通过音乐的意境感和表现力形成听觉的刺激，两者相辅相成，有机地形成了真正的服装表演艺术。服装表演音乐具有它独特的艺术特征，具体体现在以下几个方面：

1. **鲜明的节奏性**　服装表演音乐最基本的特征之一就是鲜明的、有规律的节奏性，没有了节奏，服装表演就会毫无秩序感，也正是因为音乐的节奏，才构成和决定了模特展示动作的快慢、律动和力度，以及表演的强弱变化，从而体现出服装表演的特殊艺术美感。服装表演伴奏的音乐，根据表演的特殊需要，一般不突出旋律性，旋律线条较为单一，有些服装表演音乐甚至只有节奏而没有任何旋律，强调音乐的节奏特征，是为了给予模特极大的展示和发挥空间，突出模特展示的成分，使得服装作品更为鲜明和突出。节奏不同会带给人不同的心理感受。在服装表演中，节奏的快慢一般通过每分钟的拍节数量来区分：低于 60 拍的慢节奏音乐常用于礼服类服装的伴奏，以体现优雅舒缓、安静沉稳的效果；60~100 拍的中速音乐常用于休闲、职业类服装的伴奏，以体现轻松自然或沉着干练的感觉；100 拍以上的快节奏音乐常用于运动、先锋类服装，以体现热烈、兴奋的情绪特点。

2. **非完整性**　服装表演音乐与其他舞台表演伴奏音乐不同。例如舞蹈表演，音乐的选取会根据整个作品进行完整的艺术构思，音乐和舞蹈的首尾及张弛是严密吻合的。而在服装表演中，由于模特出场的间距、步速、步幅、造型时间等因素并不完全可控，所以每一首音乐是不能保证完整播放的，一般在制作音乐时采用剪辑手法使音乐时长超过预计表演时长。在演出时，随着系列中最后一名模特的下场，以渐收的方式结束音乐。在两个系列之间，音乐有两种切换方式，一种是上一曲渐收彻底，再起下一首；另一种是将上一曲渐收的尾音与下一曲渐起的开头交叠。无论是采取哪种方式，都需注意衔接要紧密无隙，过渡要顺畅自然。

3. **风格的多样与统一性**　音乐作为一种情感艺术，它主要依赖于人的听觉而产生，并且它能够将人的感受，利用声音的形式再现、深化乃至升华。音乐能够起到烘托服装表演氛围、强调表现力的作用，不同文化、时期、地域、流派的服装选用的音乐风格不同，传递出的情感色彩和冷暖轻重的感觉也是不同的。另外，音效的加入也会强调表演风格。服装表演中，有时为了制造特殊氛围，编创音乐时加入不同环境或乐器的声音效果，能够对特殊服装风格进行强调、烘托和诠释。演出中，往往模特还没出场，观众就已经受音乐的暗示产生或动感热烈，或舒缓优雅，或轻松活泼，或轻盈缥缈，或神秘莫测的感受。

服装表演音乐分类有不同方式，从音乐风格上可分为古典音乐、民族音乐、原生态音乐、流行音乐等；从演出作用上可分为观众进退场时使用的暖场音乐、演出主体使用的系列音乐、演出结束使用的谢幕音乐、颁奖及嘉宾上场使用的恢宏音乐等；从服装风格的不同可分为运动装类音乐、休闲装类音乐、旗袍类音乐、礼服类音乐、创意类音乐、童装类音乐等。一般情况下，一场服装表演要保持整场演出统一的音乐风格形象，当然如果是服装设计大赛或多位设计师集合作品展示时，不同系列音乐风格的差异性会比较大。

思考与练习

1. 请简述服装表演的类型。

2. 请简述服装表演的组织过程。

3. 什么是服装表演编导？

4. 请阐述服装表演编导的工作内容。

5. 什么是服装表演创作？

6. 请简述服装表演创作的内容。

7. 请简述服装表演创作的形式。

8. 请简述服装表演创作的原则。

9. 请简述服装表演创作中艺术感觉的形成。

10. 请简述服装表演创作中舞美设计的内容。

11. 请简述服装表演创作中舞美设计的原则。

12. 请简述服装表演音乐的重要作用。

13. 请简述服装表演音乐的结构特点。

14. 请简述服装表演音乐的艺术特征。

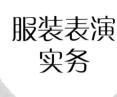

模特的职业化发展与推广

课题名称：模特的职业化发展与推广

课题内容： 1.专业的组织机构

2.职业认证与从业标准

3.法律法规与职业管理制度

4.从业人员的职业化素质

5.什么是模特经纪

6.模特经纪的作用

7.模特经纪市场存在的问题

8.模特经纪的职业化发展

课题时间： 6课时

教学目的：使学生掌握模特职业化发展与推广的详细内容。

教学方式：理论讲解结合具体实例。

教学要求：重点掌握从业人员职业化素质、模特经纪职业化发展的内容。

课前准备：提前预习相关内容。

第七章　模特的职业化发展与推广

职业是指人的社会角色，也是一个人最基本的、最重要的特征，反映一个人的社会身份、地位与自身的能力、文化等综合素质水平。在社会的发展过程中，随着生产力的快速发展，不同的行业领域出现了不同的职业层次，构成了十分精密的社会分工和千差万别的社会职业类型。模特是由艺术催生，却由商业推动的职业，随着世界各国经济、文化交融速度的加快和程度的加深，模特在国家的文化交流和商业经济发展中扮演着越来越重要的角色。模特行业是一个竞争激烈，淘汰率极高的行业，而模特的核心竞争力就是职业化素质，也就是整体实力。

模特的职业化，是指模特具备一定的行为标准、规范，遵守行业制度准则，具备职业所需要的专业知识与技能、职业道德与精神及职业态度等综合素养。模特的职业化需要有正确的培养、引导、监督，以形成良好的职业素养，需要有专业性的推广，以取得长足的发展，这一切应建立在行业的职业化基础上。行业职业化评价除专业化外，还有其他的一些要素，如职业准入标准、职业化的管理以及职业化的运行机制等。

第一节　模特的职业化发展

任何一种职业的发展进程都是经历从发轫到初步发展，再到成熟和稳定的过程。中国的模特从 20 世纪 90 年代开始进入职业化发展，大量院校以及经纪公司挖掘并培养了大批优秀模特人才，这些模特对中国时尚的引领和相关产业的促进发挥了重要的作用。目前，中国模特行业的发展速度依然迅猛，但却存在着一些问题，这些问题在一定程度上限制和阻碍了模特职业化发展的进程。我国模特职业化程度与其他发达国家相比还存在着较大的差距，当前只是到达相对成熟的阶段。

模特职业化的发展水平受行业职业化发展的影响，行业是否实现职业化，在于是否形成一定规模并可持续发展的产业化，以及是否形成了一整套制度化、规范化、科学化的管理机制。模特行业职业化程度加深是一个系统过程，除了对模特提出要求，对相关培养、管理、推广机构及从业人员也提出更高的要求。

一、专业的组织机构

模特职业化需要专业的管理组织机构，也就是能够为模特发展进行职业规划、推广，维护其权益，能够更好地推动行业发展而建立的组织。中国目前仍然缺少相应的机构，导致模特这一群体职业生涯短暂，没有长足发展的规划和动力，退役后的模特普遍缺少生存技能。另外，模特在商业环境内处于弱势地位，付出与回报不均衡，薪酬额度普遍偏低，商业价值远未得到充分体现。并且，当模特合法权益受到侵犯时，缺少相应的帮助及指导。所以，组建相应机构，制定和完善与模特职业化发展相适应的管理机制，深化模特职业化制度改革，明确权利与责任的相关规定及行业的管理分工，确立行业的文化构架体系，再通过理论与实践的验证和政策的支持，以及上升到法律层面的规范和保护等措施，才能够真正加大模特职业化的发展力度。

二、职业认证与从业标准

任何一种职业的专业化，都不能缺乏行业准入的职业资质与从业标准，这是实现行业控制、规范从业人员行为、维持行业秩序的有力工具。目前，模特这一职业尚未被列入中国职业分类大典，模特行业管理机制尚不够健全和完善，模特从业资格注册与从业管理办法仍未正式实施。

进行职业标准的设立和职业认证的普及是刻不容缓的，国家应积极推行模特行业从业人员资格证书的注册工作，科学合理地施行模特从业资格考试认证制度；对从业人员实行信息化统一管理，档案信息系统应及时记载、更新，实现透明化、公开化；制定职业技术等级标准及考核制度，为行业调整提供有力的参考依据；加强对从业人员的管理工作，确保市场运营平稳有序进行；从业人员应当适时接受继续教育，提高业务素质和职业道德水平。只有做到上述这些内容，模特行业才能确保在规范、统一的状态下有序运作，也才能真正使模特及模特行业得以职业化发展并逐步进入成熟、稳定阶段。

三、法律法规与职业管理制度

一个行业进入职业化发展的主要标志就是相关法律法规的出台与职业管理制度的建立及完善，这是一切行业的行为准则，应该也必须与行业整体的运行发展相一致。法律法规和职业制度是行业中从业人员行为的定向和引导工具，当进行各种社会行为时，从业人员首先需要考虑是否正当、是否合法、是否与行业的价值取向相符合。

模特职业化发展在西方国家已有一百多年的历史，经过前人的不断探索和总结，已经建立了一系列完备的模特法律法规以及行业规范。对比之下，中国模特行业在国内虽已发展成为时尚文化产业的"领头羊"，但却并未建立相关法律条规和健全相应管理制度来规范整体行业运营，这就导致模特行业仍然存在着诸多弊端，例如模特公众形象的建立和强化在很大程度上需要依靠媒体的力量，只有发挥媒体联动的应有之义，才能真正实现其价值。然而一些人或机构却利用大众的猎奇窥探心理，制造负面的热点话题引起大众关注，从而借势推广，扩大效应。这种消极的低端营销行为虽然给少数个人带来了利益，但对模特行业的大环境着实造成了多方面的负面冲击，直接或间接影响了行业整体的健康运作状态。因为缺少相应法律法规和管理措施，类似现象屡见不鲜。

随着国家文化软实力和经济硬实力的同步提升，各种法律条规渐趋成熟，在这种背景下，模特行业的法规条例更应该进行细分，以完善的制度加强对从业人员的保护和管理，同时也引导模特提升个人专业素养和综合能力，规范职业行为。总而言之，行业法规细则的出台以及管理制度的完善定会对维护单位和个人的合法权益提供法律依据，对规范市场起到积极的引导作用，为模特产业的运营提供良性发展的市场基础，为从业人员提供优质的拓展平台。

四、从业人员的职业化素质

模特行业的从业人员构成，从模特本身到模特的培养、推广、管理人员，再到服装表演的制作人员等，涉及多种职业层次和类型。我国模特行业的职业化发展任重道远，对于从业人员职业化素质水平的提升，决定其未来的发展和在社会中的生存价值，也是模特行业职业化发展的核心。从业人员的职业化素质包含职业化能力、职业化精神和职业化形象。

（一）职业化能力

职业化能力就是职业技能，体现一个人的职业水平和素质。提升职业化能力，要具备以下因素：

1. **执行能力**　执行能力是每个人的核心能力，是如何提高工作效率，达到最佳工作效果的能力。

2. **学习能力**　学习能力是指知道学什么和怎么学，并能够付诸行动的能力。

3. **思考能力**　思考能力是指能够正向思考、有效思考的能力。

4. **管理能力**　管理能力包括自我管理以及负责人管理公司、管理团队的能力。

5. **社交能力**　社交能力是指要学会沟通，提高社交效果的能力。

6. **表达能力**　表达能力包括口才和写作能力。

（二）职业化精神

职业化精神就是对职业的价值观和态度，是一个人内在的精神动力，是个人与组织发展的必然要素。提升职业化精神，要具备以下因素：

1. **专业精神**　专业精神是职业化精神的基础，专业化来自不断地学习专业知识和技能，以积极的态度持续学习和不断地实践。

2.**协作精神**　协作精神是职业化精神的核心，可以增强团队凝聚力，利于做好各项工作。

3.**敬业精神**　热爱自己的职业，用心投入工作，具有积极向上的人生态度，有强烈的发展事业的使命感和动机。

4.**责任意识**　要有责任心，勇于担当、信守承诺、正直、值得信赖，责任意识能够成就事业。

5.**道德意识**　是指能严格执行行为准则和规范，知道该做什么、不该做什么，有高尚的品格。

6.**创新精神**　是指具有提出新方法、新观点的思维能力以及意志、信心和智慧。创新精神是职业化精神的动力和生命力。

（三）职业化形象

形象反映人的内在素质，是综合素养的外在体现。职业化形象，是个人职业形象的具体表现，能反映出一个人良好的职业风范。提升职业化形象，要具备以下条件：

1.**良好的仪表**　仪表是人精神面貌的外在体现，反映一个人的文化素养，具体包括仪容、服饰、个人卫生等方面。

2.**良好的仪态**　也就是姿态文明，有修养和礼貌，行为庄重大方。

3.**优雅的气质**　气质是人内在涵养和修养的外在体现，所以要不断丰富精神内涵，不断提高自我修养。

4.**文明的语言**　语言是人际交往最重要的工具，所以，要注重讲话方式和传递文明。

5.**得体的礼仪**　就是要掌握并熟练运用社交礼仪、职业礼仪等相关内容。

总之，模特职业化发展需要在管理层面、制度层面、个体层面进行更深入的研究和探索，形成全新的发展理念。加强模特行业管理人才的培养，促进模特后备人才力量的提升，才能增强模特职业化发展进程的广度和深度；建立和完善模特管理体系，综合提高从业人员职业素养，才能形成一个良好运作并且规范有序的模特发展环境。

第二节　模特的职业推广

模特的职业化发展需要专业的推广平台，作为时尚市场流通体系中的重要桥梁和纽带的经纪公司及经纪人，已经成为模特行业经济发展中的重要力量，其水平的高低和发展的好坏对于模特职业化发展至关重要。一般情况下，职业模特业务量越大、市场业务领域区分性越明显，则其经纪职业化发展水平越高；模特职业发展高峰期越明显，模特经纪的职业化特征也越突出。

一、什么是模特经纪

模特经纪是指在与时尚经济相关的活动中，作为第三方，以收取佣金为目的，为促成模特与客户合作而从事居间或代理业务的公司或个人。

随着时尚产业进程的发展以及市场规模的不断扩大，模特经纪发挥着越来越重要的作用，已经越来越职能化，涉及的领域扩展到与时尚相关的各个方面。加强和完善对模特经纪的管理，对于协调和沟通供需关系，促进交易合作，稳定和繁荣时尚市场经济，具有十分重要的作用。

二、模特经纪的作用

随着生活水平的提高，人们对时尚的需求迅速上升。生活方式、消费观念的转变，使模特产业面临更高的要求，也为模特经纪的发展创造了最为有利的环境。时尚的多元化发展，使模特经纪更顺应时代潮流，更注重社会和经济效益的开发，业务活动从工作内容、经纪方式、经营范围、管理措施等方面都发生了很大变化。

模特的职业特点是通过自身媒介功能起到宣传展示产品的作用，所以必须依托产品才能得以发展。模特经纪公司会根据时尚流行对模特风格的要求，挖掘并培养有发展潜质的模特，累积优秀模特资源，加强对模特的推广，以拓展经纪市场的经营范围。近年来，模特经纪活动领域有了很大拓展，除了在服装领域之外，在其他领域涉足的范围也相对较广，如汽车、房地产、奢侈品等行业以及与模特产业联动运作的赛事和娱乐影视等方向。

模特经纪在模特职业化发展过程中起到不可或缺的重要作用，其业务范围包括模特的各类商业演出、品牌代言、平面及动态拍摄、公众活动等工作的洽谈及合同签订，以及在模特签约、续约、解约、转约等方面的管理等。

另外，越来越多的专业模特赛事是由经纪公司进行策划、组织、推广、宣传和实施的。有的经纪公司承办已有赛事，有的策划新的赛事，目的是为了选拔模特新人，同时扩大公司运营、发展、宣传范围。

三、模特经纪市场存在的问题

模特经纪市场虽然显示出良好的发展前景，但诸多因素却也在制约其发展。

（一）经纪公司方面

在欧美发达国家，模特经纪早已发展成为一个非常成熟的产业，相对而言，中国的模特经纪市场尚不够成熟和完善。

首先，随着时尚行业的发展日趋多元化，对于模特数量的需求越来越多，开设模特经纪公司的数量随之与日俱增，它们的出现和发展为模特产业和文化事业的繁荣发展提供了广阔的平台。但是纵观整体，大部分经纪公司专业化和集聚化程度都较低，缺乏规范的管理及监管制度，在营销策略、运营理念、市场定位等方面都还存在着一些问题。能够运用多样形式实现模特发展市场化、价值最大化，并实现对模特全方位培养、包装、推广的经纪公司更是寥寥无几。大部分模特经纪公司的经营呈现出规模小、零散化的特点，其专业化程度有待进一步提高。其次，部分模特经纪公司业务领域模糊，专业性和专注性不足，经营无序，甚至采取非正当手段竞争抢占市场份额，严重扰乱了市场的良性发展，降低了模特经纪的整体专业水准。

（二）经纪人方面

目前，我国严重缺少真正意义上的职业模特经纪人，现有经纪人主要是从其他行业凭借兴趣转行而来，一部分人经过文化经纪人的短期培训和考核后从事该职业，还有一部分人甚至未经过专业培训和考核就开始从事模特经纪工作。目前，经纪人普遍存在的问题是：年龄和文化层次较低、经验不足、专业性和综合素质欠缺、无法良好地应对职业公共关系的处理并且流动性较大。另外，缺乏危机公关意识、过分注重短期效益、缺少长期营销理念，也是当前大部分模特经纪人普遍存在的问题，这些对于模特的职业规划和长期发展以及行业的规范都是非常不利的。究其原因，首先是缺少对经纪人实行专门管理的行政主管部门，对模特经纪人缺乏相关的考核及监督管理机制，导致经纪人入行门槛较低，职业化和专业化程度相对不高。其次，许多经纪人缺少对职业的认识，工作重心都放在了初级事务上，如处理简单事务、推荐接洽、解决纠纷等，对模特的发展评估、长远规划等纵、横向联合推广方面则罕有涉及。这使得模特经纪人的概念、身份与职责越发模糊。此外，经纪人的业务能力、自身素质良莠不齐，普遍存在资信度偏低等问题，这些都在一定程度上影响了模特及模特经纪市场的发展。

（三）模特方面

目前，在模特行业市场中，主要存在以下三类模特：第一类是与经纪公司签约的专职模特；第二类是院校模特，以教学实践的方式参加校内外演出活动。目前，部分服装表演专业院校会采用与行业联合培养的模式，促进学生签约经纪公司，使学生的教育和职业同步发展；第三类是自由模特，就是未与任何经纪公司签约的模特，该类模特主要分为两种情况，一种是经纪公司曾经的签约模特，有较好的职业发展基础，在行业内享有一定的知名度，并拥有一定的企业、设计师、编导、经纪人、摄影师等人际资源，这些模特选择自我规划职业发展，省略经纪公司的代理。另一种是自身职业条件不足，未达到签约经纪公司标准的模特，这部分模特普遍低年龄、低学历、未经专业的系统培训，业务报价也偏低，这些都极大地扰乱了市场的正常秩序，降低了模特的市场价值。此外，由于该群体人数较多，缺乏专业化培养及统一管理，所以对市场的稳定性以及行业形象都造成了极大的冲击和影响。

四、模特经纪的职业化发展

模特经纪亟待突破职业化发展瓶颈，向专业化、标准化、规范化实现进一步的跨越。

（一）提升模特经纪公司的职业化管理水平

模特经纪公司实现职业化首先应该重视提高专业水平，加强在模特经纪活动中的组织形式、活动范围、经营方式还有管理操作水平，制订有效的管理及监督制度，提高市场运营策略，明确市场发展定位。同时，加强经纪人队伍建设，提高业务专业化能力，提高推广及运营效率。具体包括接收和传递时尚信息、拓展合作渠道；开发模特资源、加强模特市场推广力度；保护模特及委托方的权益等方面。要提高模特经纪市场整体发展水平及职业化程度，注重提升模特媒体形象的设计和宣传，帮助模特协调处理职业纠纷问题，提供法律咨询，为模特制订在役期间的专属工作计划，以及提供模特保险代理、财务管理、税收计划等服务。

（二）提高模特经纪人职业素养

经纪人是模特行业健康发展的核心支柱，随着模特经纪市场不断扩大，对经纪人的职业化需求变得更加迫切。为完善模特经纪市场，健全市场体系，适应我国时尚领域的客观需求，培养职业化的经纪人是十分必要的。从制度上建立健全模特经纪人的准入机制，不断提高经纪人的职业和道德水平，树立经纪人自身和社会对模特经纪职业的价值认可，使得经纪人职业真正成为一个能够终身从事并获得尊重的职业。对比来看，中国有必要借鉴国际主流市场的经验加快经纪人职业化进程。健全对经纪人的培训、考核、注册、监管等管理制度，对现有经纪人要进一步增加继续教育，为经纪人提供良好的职业生涯学习体系，加强个人的职业素质，从而提升整体业务水平。职业化的模特经纪人应具备以下职业素养：

1. **创造力** 综合运用知识经验与模特经纪相结合，能透过外界信息觉察到事物间的关联与本质，具备在工作中解决新问题，开创新局面的能力。

2. **感召力** 感召力包括引导能力、决策能力，以及良好的个人品格、风度、气度。一位优秀的经纪人能够正确的引导模特身心发展，会潜移默化地影响模特的心理状态和职业行为，使之朝着良性、健康的方向发展。

3. **执行力** 善于抓住事物的微小变化看到其本质，敏锐感知并捕捉各种与模特经纪相关的外界信息，具有快速处理信息的能力。能够以科学的市场调查为基础，客观合理地分配模特档期及行程安排，有目标性、计划性、指向性地推动模特的业务发展，扩大其专业影响力。

4. **洞察力** 充分了解模特的类型及风格，帮助其精准地结合优劣势，分析和确定发展定位，针对不足及时提供改进策略和提升方案；对模特的状态具有敏锐的洞察力，可正确地帮助模特调整不良状态。

5. *亲和力*　是指以自己的性格、学识、能力、品德等赢得模特和客户的理解、信任和尊重，获得认同并与之真诚交往。

6. *说服力*　说服力是模特经纪人的推广能力，指进行商业洽谈时把模特和服务理念等进行推销，并能引起对方共鸣和共识的能力。

7. *预见力*　具有一定的行业前瞻性和预见能力，能够帮助模特解决和规划发展路径等职业生涯的重要问题。

一名优秀的模特经纪人，除了具备以上职业素养，还要具备良好的心理素质、个人品格、阅历眼界、价值观念等。坚韧的心理素质，可以使经纪人面对困难时毫不气馁，力挽狂澜；乐观的性格，可以使经纪人对工作充满热情，表现出积极的工作态度；丰富的阅历和眼界，可以帮助经纪人运用经验、智慧面对竞争；优良的品格，可以使经纪人尊道德、重法规，不以个人利益为先，不借用欺诈手段谋利，不获取不义之财。优秀模特经纪人还应该具有专业化、多元化以及立体整合的特点，除了熟练掌握与经纪业务相关的专业能力，具备对模特经纪市场发展的理解和经验。同时还要具备多种知识，要了解管理学、心理学、信息技术、法律、财务、税务、市场营销等多方面知识，要具备协商、谈判、社交、外语等能力，并能够合理应用多种能力和知识。此外，合格的模特经纪人必须及时准确地掌握与职业相关的各方面信息，应熟悉各地经济、文化、时尚信息及风俗习惯。

思考与练习

1. 请阐述模特的职业化发展应具备的条件。
2. 什么是模特经纪？
3. 请简述模特经纪的作用。
4. 请简述模特经纪市场存在的问题。
5. 请概述模特经纪的职业化发展内容。

模特的培养

模特的分类及应具备的专业条件

课题名称：模特的分类及应具备的专业条件

课题内容：1.与现场展示相关的模特

2.与媒体相关的模特

3.模特应具备的外在条件

4.模特应具备的内在条件

课题时间：2课时

教学目的：使学生掌握模特的分类及应具备的专业条件。

教学方式：理论讲解结合具体实例。

教学要求：重点掌握模特应具备条件的内容。

课前准备：提前预习相关内容。

第八章　模特的分类及应具备的专业条件

　　模特，是由"model"音译而来，原意为模型，指在绘画、雕塑中做造型参照的人。现在主要是指通过展示服装或相关时尚产品以诠释企业产品文化或品牌形象的人。模特在特定的展示场合中，通过与服装风格相适应的肢体语言，包括有节奏感的步态、有造型感的动作及适度的情绪表达，将服装设计的创作构思、意境理念以及服装的造型、结构、面料、色彩等生动直观地展示给观众，达到完美的艺术呈现效果，并起到对服饰时尚流行的引领和传播推广作用。

第一节　模特的分类

　　模特最初的主要职能是通过展示促进服装的销售，但随着时尚产业的多元化发展，模特的功能和分类也越来越多样化。

一、与现场展示相关的模特

　　T台模特：也称时装模特，是指在T台上展示服装的模特。国际上对于T台模特有统一的形体标准，使设计师、工艺师们能够按标准尺寸设计及制作服装，并实现服装最理想的穿着效果。

　　商业模特：是指为各类服装产品进行商业促销的模特，商业模特应具备对展示产品专业知识的了解，以便与购买客户沟通宣传。

　　试衣模特：是指为服装设计师作品或企业新产品的样衣进行试穿的模特，设计师、工艺师通过模特试衣效果以及模特穿着感受的反馈进行设计、版型或工艺的调整。

　　内衣模特：就是展示内衣的模特，也常用于泳衣展示。这类模特在形象、形体、皮肤质量等方面要求比较严格。

二、与媒体相关的模特

　　广告模特：是指为不同种类商品做广告宣传的模特，通过平面拍摄，形象出现在杂志、报纸、产品包装、宣传画册、电视、网络等纸质及电子媒体上。广告模特应具有良好的镜前造型能力。

时尚杂志模特：指专为时尚杂志拍摄艺术创作照片的模特，拍摄强调时尚感、艺术性，有较强的视觉冲击力。

上述模特类别并不是完全按照工作性质严格划分的，如 T 台模特也会参加广告及时尚杂志的拍摄等工作。除了 T 台模特在身高和形体比例方面有严格统一的职业标准，有些类别的模特形体往往更接近普通人标准。另外，除了上述分类外，还有一部分"部位模特"，是指通过身体的局部，满足相应产品的宣传需求，如手模、足模、腿模等，这类模特只要求局部完美，并不要求整体形象；再有，随着模特展示功能的多元化发展，除了服装，一些其他类别的产品也会由模特进行展示，如汽车、珠宝、箱包、首饰等。

第二节　模特应具备的专业条件

服装表演艺术能塑造鲜明、生动的人物形象，模特是艺术表演者，以塑造人物形象为目的，表演中除了应具备基本的形体、形象、气质条件，还应该具备良好的展示技能、心理素质，以及一定的文化素养和艺术修养。

一、模特应具备的外在条件

形体条件是决定一个人能否做职业模特的首要条件。模特的形体应具有优美姿态、完美体形相互融合的整体美与和谐美。首先，姿态美可以反映一个人的气质、精神和文化修养，模特的基本姿态呈现在人们眼前时应该给人一种端庄、挺拔、优雅、赏心悦目的美感。人的身体姿态具有一定的稳定性，也具有较强的可塑性，通过一定的舞蹈、形体训练可以改变诸多不良姿态，提高和改善模特身体控制能力，逐步形成正确优美的姿态。其次，模特应具备体形美。模特的体形美主要体现在骨骼形态、身体比例、上下身差、肩宽、三围（胸围、腰围、臀围）等方面，具体要求为：骨骼发育正常、无畸形、身体各部位比例匀称。身体比例包括横向比例与纵向比例，其中横向比例包括头宽、肩宽、髋宽之间的比例。纵向比例包括头长、上身长、下身长、总身长之间的比例。头与身长比例最好能达到1/8，即身长为 8 个头长。两臂侧平举伸展之长与身高值相近。腰围与胸围、腰围与臀围的比例以接近黄金分割率为最佳。在身体形态上，颈部修长灵活、长且挺拔。双肩对称，不能端肩或溜肩，以平直为宜。男模特胸肌结实有形，女模特乳房不下垂。腰部细而有力，臀部上翘不下垂。四肢修长顺直，小腿腓肠肌位置高，腕关节及踝关节纤细，手足关节不宜过于突出。男模特强调肌肉线条及适度力量感，整个体形呈倒梯形。

女模特强调线条流畅，整个体形呈S曲线型。模特形体美在于匀称、适度，即站立时头颈、躯干和双脚的纵轴在同一垂直线上。

由于不同时期，受地域、文化及国际流行趋势影响，对于模特的形体要求会有差异性。依据目前国际T台模特形体标准，数据如下：身高，男模特身高为（188±2）cm，女模特身高为（178±2）cm；体重，男模特体重标准为（身高-80）×（60%~65%）=标准体重（kg），女模特体重标准为（身高-70）×（48%~50%）=标准体重（kg）；脂肪厚度，一般正常人的脂肪厚度为0.5~0.8cm，模特的脂肪厚度应为0.2~0.5cm；肩宽，应等于（胸围-4）cm；胸围，男性模特胸围是［身高×50%×（95%~100%）］cm，女性模特胸围是［身高×50%×（90%~95%）］cm；腰围，较胸围减少25cm；臀围，男模特臀围应接近胸围，女性模特臀围较胸围不超于4cm；大腿围，应较腰围小12cm；小腿围，应较大腿围小18~20cm；踝围，应较小腿围小10cm；上下身差，上体长度=第七颈椎点至臀际线（臀部与大腿的连接线），下肢长度=臀际线至足底，身长=第七颈椎点至足底，上、下身差=下肢长度-上体长度或下肢长度×2-身长。

模特的外在条件还包括面部形象和皮肤状况。模特的形象不以大众眼中的漂亮为标准，而是强调个性特点以及在舞台上的可辨识度。模特的脸型要端正，骨骼清晰、棱角分明；五官比例适中，符合三庭五眼的标准；眼睛清澈有神、鼻梁挺直、嘴唇轮廓清楚；皮肤细腻有弹性，肤色均匀、无明显疤痕、印记。

二、模特应具备的内在条件

能否成为一名优秀的模特，外在条件固然重要，但更重要的还是要具备综合素养。模特除了应具备文化知识基础，还应兼顾其他艺术门类的学习，因为艺术不仅能陶冶情操，更能使模特形成独特的个性，丰富表演艺术的创造。对于文学、绘画、音乐、舞蹈、戏剧都必须具有常识和一定的欣赏能力，如果能精通其中一两门，就更难能可贵了。综合素养的提升能够帮助模特理解服装设计师的设计创作特点、设计理念及内涵，具备良好的舞台感觉及表现力，能够对不同风格服装展示演绎，将设计作品进行完美的诠释。综合素养的提升还有助于使模特形成与众不同的气质，服装表演与其他表演在表现形式上有着很大的不同，相比较其他以舞台为表现空间创造的艺术表演如舞蹈、戏剧、音乐等，服装表演的表现形式受到一定的限制，模特不能有语言上的表现，也不能有过多肢体上的动作，所以模特的自身气质就显得尤为重要。综合素养的提高需要不断丰富精神内涵和自我修养、积极持续的学习积累以及不断地实践。

模特还应培养和锻炼健康乐观的心理综合素质，包括积极、稳定的注意力；敏锐、细致的观察力；深刻、真挚的感受力；丰富、活跃的想象力；深入、细腻的理解力等。只有具备这些相应的心理素质，才能挖掘服装表演的核心、根源并把握内涵，成为拥有强烈表现力和感染力的模特。

内在条件还包括具备良好的职业礼仪和职业道德，这是一个模特内在的精神动力，也是职业发展的必然要素。具体体现为具备应有的价值观、态度和良好的行为，用心投入工作，能严格执行职业准则和规范，具有责任意识、协作精神，体现良好的职业形象。

思考与练习

1. 请简述模特的分类。
2. 请简述模特应具备哪些外在专业条件？
3. 请简述模特应具备哪些内在专业条件？

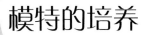

模特的培养

模特专业素质的培养

课题名称：模特专业素质的培养

课题内容： 1.肢体语言对模特的重要性

2.模特肢体语言的体现

3.模特肢体语言的训练

4.培养模特表演活动中的感觉

5.培养模特表演活动中的知觉

6.模特表现力的培养

7.模特想象力的培养

8.气质对模特的重要作用

9.模特应具备的气质特点

10.模特如何提升气质

课题时间：8课时

教学目的：使学生掌握模特专业素质中肢体语言、表演的感知觉、表现力与想象力、气质的养成的详细内容。

教学方式：理论讲解结合具体实例。

教学要求：重点掌握肢体语言培养和气质养成的内容。

课前准备：提前预习相关内容。

第九章 模特专业素质的培养

模特在服装表演艺术的形象创造过程中，专业素质越高，展示能力越娴熟，表达服装形象就越清晰，也就越容易进入一种收放自如、炉火纯青的表演境界。在服装表演中，模特应该把握各类服装的风格特点，通过自己的演绎将设计师具有不同时代特性及创作特点的作品进行完美的诠释，并使服装的设计理念、艺术思想得到升华，为了达到这样的目标，就该通过不断地训练提高自己的专业素质。模特的专业素质主要包括肢体语言、表演的感知觉、表现力与想象力以及气质养成等内容。

第一节 模特肢体语言的培养

肢体语言是塑造模特形象的重要手段，使模特在表演过程中呈现不同凡响的舞台效果，在模特的服装展示中占据着十分重要的地位。肢体语言是通过身体各部位，包括身体姿态、肢体动作、体位变化及面部表情等的配合来对所展示的服装角色进行塑造，是把无形的语言思维直接转化为动态的感官形象，来加强整体印象、增强表意效果。

一、肢体语言对模特的重要性

服装表演是模特在舞台上通过对形象思维的捕捉、提炼服装设计作品形象，激发内在情绪情感、扩展思维空间并通过肢体语言自然地对服装进行诠释性表现的艺术形态，体现模特对面部表情、肢体动作表演技法及表现力的深层驾驭能力。肢体语言训练是模特必修的内容，因为服装表演中模特的肢体表现贯穿始终，解读肢体语言在服装表演中的作用，可以帮助模特找寻到精准的表演方式。模特在展示的过程中，要以最简洁自然的表达方式快速将其精神内核全部打开，以其气质能量、综合素养、情感意蕴、审美品位等综合表演素质，透过站姿、造型、步态、转身、表情等高度概括塑造服装角色的气质内涵、穿着意境等，全方位的提炼出典型的服装艺术形象，模特的表演难度与高度就在于此。尽管与舞蹈、戏剧等演员的舞台表演形式相比较，模特的肢体动作内容相对有限，但是它发展和延伸出来的动作表现意义却很广泛，因为在服装表演当中模特的每一个动作，都有着特定的含义，正是这些带有特定含义的肢体语言，才使得模特对服装的诠释更加具体与深刻。个性化的情感表达是服装表演以及服装展示的灵魂，肢体是个性化表达的载体，模特情感通过可视觉化的肢体语言进行具体的体现，将设计作品的思想传达出来，使服装表演具有完整的艺术感染力。

二、模特肢体语言的体现

服装表演是具有特殊性的艺术表演形式，完全依赖于模特的肢体语言。服装表演中，根据服装风格的不同，模特的表演风格也呈现多样化。一名优秀的模特应该挖掘并塑造多元化的表演能力，对每一套展示的服装能够把握其风格内涵，结合服装角色及舞台环境，表现出应有的人物特征，或端庄、优雅、高贵、从容；或内敛、含蓄、恬静、安宁；或动感、活泼、热烈、奔放；或梦幻、迷离、超然、神秘；或轻松、舒适、自在、亲和；或干练、庄重、成熟、沉稳；或温柔、浪漫、清新、纯真；或幽默、诙谐、自在、欢愉；或冷漠、叛逆、另类、傲然；或率性、自由、性感、洒脱。不同风格的服装，模特要运用不同节奏、力度、幅度的肢体动作，充分准确地表现出服装角色的性格特征和社会身份特征，体现不同的个性、气质、风度，使服装的展示体现艺术的升华。

肢体语言使模特极富不同寻常的魅力和表现力，给观众以强烈的视觉冲击和愉悦的美感，更是为服装表演增添了许多色彩。模特的肢体语言主要体现在以下几个方面：

（一）基本站姿

正确的基本站姿是模特在T台上造型和台步的基础。模特的基本站姿要稳定平衡、挺拔舒展、积极自信。头正，双眼平视，下颌微收，颈部挺直，表情自然；双肩平正下沉；双臂自然下垂，手型自然优美；挺胸收腹，躯干正直；髋关节不前挺或后屈；臀部向内、向上收紧；膝关节伸直。基本站姿不应该出现以下姿态：歪头、头过仰或压得过低；目光斜视、表情僵硬；斜肩、含胸、驼背；挺腹、撅臀；双腿叉开过宽以及交叉腿。站立姿势因服装风格及展示形式的不同会有相应调整变化，如端庄优雅的站姿、严肃挺拔的站姿、休闲松弛的站姿、温婉柔美的站姿等。不同风格的站姿要在基本站姿的基础上进行肢体支撑力度、动作幅度、重心转化、手位和脚位、肌肉松紧、关节屈伸等变化调整。

（二）造型

T台上模特的造型动作是经过设计的，是以短暂静止的姿态对服装整体或特殊局部进行强调展示，使观众看清服装的版型结构、设计细节、面料肌理。造型是在面部表情的配合下通过头、躯干与四肢的扭转、开合、屈伸等综合变化所构成的，其特点应与服装的风格相一致，能表达展示服装所代表的人物性格特征和精神内涵，造型应充满特色，体现形体平衡的线型美感。造型动作是模特肢体语言当中变化最为显著的部分，有一定的夸张性，同时具有较强的感染力与暗示性，在不同规定情境下的不同造型动作所表达的肢体语言也是有所不同的，例如手的摆放位置可以使观众的注意力集中在该部位服装的设计细节特点上。丰富的肢体造型与服饰构成和谐优美的统一体，可以反映出模特的内心体验和精神面貌。模特的造型强调形成稳定立体的雕塑感和意境感，体现动作瞬间的形态、神态以及扩大艺术表现的张力，使艺术形象更强烈，让观众产生联想和审美感受。造型是烘托服装角色形象的重要手段，缺少造型，再窈窕的肢体也无法完美诠释设计师艺术作品的内涵。

（三）台步

台步是动态的，是服装表演最基本的展示形式。台步中的肢体语言就体现在步幅的大小、力度及速度中，另外与行走中手臂及髋腰摆动的幅度、角度与情感的热烈或沉静等也有密切的联系。T台上展示的服装千姿百态，风格变化丰富，各不相同，模特的台步也随着展示服装的不同存在很大的差别。有的台步沉稳端庄、自然大方，给人以庄重、高雅之感；有的台步灵活轻松、富有律动，令人精神振奋；有的台步铿锵有力、步伐矫健，给人以英武、无畏的印象；有的台步轻盈柔和，给人以轻巧欣悦之感。但无论是什么风格的台步，身体姿势都要以端正的站姿为基础。行走时，精神饱满、从容自然，身体各部位协调用力，步伐连贯富有韵律节奏；身体保持挺立，不要前倾或后仰。在展示高雅端庄的服装时，可采用胸式呼吸，气息上提，身体会显得挺拔自信。在展示轻松休闲的服装时，可采用腹式呼吸，身体会显得松弛自然；身体的重心在反复交替迈步的两脚之间，在快节奏行走时，重心应稍向前，慢节奏行走时，重心可稍偏后；双肩平稳，目光平视，下颏微收；手臂自然伸直，手指自然弯曲，虎口朝前，摆动时以肩关节为轴，上臂带动前臂前后自然摆动，摆幅依据步幅大小做相应调整，小臂或手腕适当控制不要甩动；膝关节和踝关节不可过于僵直，应该富有弹性，膝盖在蹬伸迈步时尽量伸直；行进中，髋关节带动大、小腿自然迈步，保持脚尖向前。女模特的行走轨迹，应两脚尖对应呈一条直线；男模特的行走轨迹，应是两脚内侧走成直线。行走中，应避免弯腰驼背、双肩乱晃、身体左右摇摆，步速忽快忽慢；双脚落地要体现力度，但避免用力过猛，踏地声音过大。停步时，应提前几步减速，不要突然停止。

（四）转身

模特在T台上的转身动作，有行走到台前的直接转身，也有在静态造型后的转身。转身动作的技巧非常重要，体现一个模特的表演技能水平。根据服装及展示风格的不同，转身动作分为上步转身、退步转身、半转身、全转身、直角转身等。无论是哪种转身，在展示不同风格的服装时，都要有相应的表现，例如高雅的服装，在转身时动作应该缓慢平稳，避免速度过快，力度应适中，给人一种凝练稳重、端庄大方的感觉；再例如展示休闲活力的服装时，转身动作应轻盈活跃，给人一种生动、喜悦的感觉，避免严肃沉闷。任何转身都应力求沉着、从容、不慌乱，动作要平衡、协调、有节奏感。

（五）面部表情

面部表情是肢体语言中最敏感、最丰富的部分。在服装表演过程中，模特的面部表情是在台步和造型的基础上进行情感表达的另一重要元素。据研究，人的信息表达中，有 55% 依靠面部表情，人的面部 24 块表情肌，每一块都能传情达意。眉、眼、鼻、嘴等的任何细微动作变化，都可以迅速、真实地反映出人的内心体验和情绪变化。不同于舞蹈、戏剧等舞台演员，模特在表演时没有夸张起伏的情绪情节表达过程，因此，在服装表演中，表情常被一些模特错误理解，以为突出服装就应该无表情，所以很多模特在表演中表现得冷漠、木讷、眼神空洞，这样的表情，使服装表演乏味无趣。事实上，服装表演中模特的表情是展示服装人物角色内在美的关键，通过表情与眼神让观众感受服装表演艺术的魅力，如面部肌肉放松表明内心轻松、舒畅；肌肉绷紧表明严肃庄重；上扬的眉毛表达愉悦的情感；紧闭的嘴唇有一种严肃冷酷的态度。模特应该将激情与力量积蓄在内心，结合自身独特的气质，把握好表情尺度，形成对服装角色整体形象的塑造。面部表情中，眼睛最能够直接地表现丰富的内心活动，眼神是模特内心情感外化过程中的主要工具，是表现的灵魂所在，能够透露出稳重、愉悦、温柔等情绪。眼神的表现应为一种类似"自然天成"式的流露，这种流露往往能够打动人并具有感染力。要做到以上这些，除了平时在技巧上加强训练，与模特提高自身的艺术感觉及个人修养也有着极为密切的联系。

三、模特肢体语言的训练

运用肢体语言应该做到和谐、得体、适度，要自然大方、把握分寸，这是肢体语言运用的美学要求和目的，过分夸张、矫揉造作只会适得其反。肢体语言的展示内容、节奏、力度要与舞台环境、服装风格、表演形式相吻合，注意适时、适量、适度，做到恰如其分。肢体语言要通过训练，才能逐渐达到熟练调控并自然运用，训练的宗旨就是让肢体更好地服务于表演，与表演完美结合。肢体语言的训练可以遵循以下方法：

（一）加强肢体动作训练

模特对肢体动作掌握和应用的熟练程度，决定其在 T 台上展示水平的高低。以人体运动科学为基础的形体训练，可以加强模特身体素质，使肢体动作有足够的支撑力和张力，提高模特运用肢体语言塑造服装角色的能力。形体训练还可以拉伸韧带使身体柔软并提高自身肢体语言的可塑性。T 台上模特肢体动作的运用应当始终是一个综合、和谐、自然的整体，但在训练中，可以采取动作分解与综合练习相结合的方式。首先从练习内容的宏观着眼，分析练习总体轮廓形象，再由宏观到微观，进行局部肢体动作的分解训练。分解训练是相对的，目的是为了更好控制和综合地运用肢体语言，是有针对性地对某个动作或内容进行训练。训练中要体会动作中肌肉和韧带的收缩、放松和绷紧、拉伸等感觉，并形成感觉记忆，逐渐丰富肢体的表现力。模特需要通过大量综合肢体动作的训练，才能形成肢体语言上的训练有素，进而达到在舞台上能够结合各种规定情境及服装风格，准确自然的控制和展现流畅的肢体语言。

（二）遵循动作规律

肢体语言存在普遍的动作规律，运用在表演中要简洁、自然、适度，所有动作应起势稳、收势慢、停势准，不能繁复杂乱、生硬造作。模特在任何表演动作中，都要保持重心平稳，重心是指物体所受重力的核心作用点，对于站立的人来说，其重心一般在腰腹部，重心向地心方向的连线即为重心线。当重心线的周围有足够的支撑时，即形成维持稳定的平衡，平衡状态的动作特点是稳定、安全，是模特站立、行走和造型中应具备的动作状态。模特在进行任何动作时，都要将整个身体作为一个整体来考虑，因为任何一个局部肢体的动作都会牵动身体其他部位的姿态变化。比如当模特造型时如果强调形体的S线型，支撑腿的髋关节作为着力支点，就会向外侧用力，这时重心位置发生变化，为了保持身体的平衡以及突出S线型，上体就要向相反方向用力。需要注意的是，动作的平衡是基于空间而言，要具有张力和生动性。面部表情肌的运用要与肢体表达的内容和目的一致，表情的变化不要过于频繁，要适度，表情与肢体应是协调统一的有机整体。

（三）加强节奏感训练

节奏感训练是模特肢体语言训练必不可少的重要内容。节奏感，是人对各种节奏的接收、反应和感受的能力。模特的表演应是有节奏的，动作的快慢、强弱、轻重、制动等都体现节奏。不同风格的展示中，节奏不同，过程和结果是不同的，肢体动作的速度和力度也不同。服装表演选用的背景音乐一般是等分节奏，也就是节奏不断地重复、机械的循环，以能够增强模特表演的律动感并保持步伐节奏的稳定性。有些模特在表演中，不能辨识节奏的规律，行走的节奏与音乐的节奏不吻合，并常常因此显得无所适从。节奏感训练可以提高模特的节奏感知度，帮助模特提高对节奏准确性和敏锐度的把握，使节奏感增强。可以通过对不同风格音乐的听辨与分析，感受音乐中的节奏特征与风格表现，从而获得准确的节奏信息训练节奏感。例如，音乐中的速度变化、节奏长短、突出的重音等，都能够锻炼模特对节奏的感受。还可以在听音乐时，随着节奏，用手进行挥拍或敲击动作，可以一拍一击、两拍一击或一拍两击，要注意做到拍点清晰、准确，逐渐熟练掌握和适应各种节拍。训练一段时间后，可改用脚击地，再逐渐过渡到用肢体语言表达节奏，这些都能够强化节奏的刺激与记忆，帮助模特感知节奏的速度、规律和变化，逐渐提升节奏感。另外，模特要注重培养内心节奏感，节奏感实际上是人内心体验和感知的律动感，这种律动感是与生俱来的。节奏无处不在，如人的心跳、呼吸、走路等都体现节奏性。人的大脑对基本的节奏会有本能的生理感知和反应。培养内心节奏感，就是为了不断认识和熟悉各种节奏特点，掌握节奏的强弱规律，逐渐形成肢体语言的节奏性。

（四）观察模仿

肢体语言训练可以由观察、分析入手，在生活及实践中要善于发现与众不同的人或事物的特点，尤其要有意识地观察与时尚相关的人士，通过现场或视频观看各种时尚、艺术类的表演及拍摄的图片等，观察不同身份人物特有的肢体动作，提取人物状态和特征。在观察的基础上进行模仿训练，通过对各类人物形象的模仿，结合想象，感受肢体和情绪带来的变化，通过改变肢体动作，找到人物的性格和动作特点。通过设计不同的表演内容和环境，进行创造性训练，体验环境带来的刺激，大胆表现肢体动作，逐渐形成和谐、得体、自然、适度的动作效果。在模仿和创作中还要融入情绪训练，可以通过不同情绪的组合练习进行训练，达到能够真实自然的瞬间调整肢体动作和面部表情。

（五）自我解放

模特在舞台上的任何动作都不是机械的，也不是无缘由的，一定是有内心依据作为支撑，合乎顺序、逻辑并有机的表达出来的。人们随着年龄的增长和思维的成熟，往往因为思虑过多产生肢体上的紧张感与僵硬感。模特在 T 台上，自身的紧张和僵硬感是无法掩饰的，哪怕是一个微表情都会使模特与服装角色不能完全统一，再加上自身原有的不良肢体习惯，使得许多模特无法自由地、无顾虑地展示，这就需要进行由内而外的自我解放训练。为了达到身心解放，可以通过一些释放天性的练习，如动物模仿、静物模仿，还可以借鉴模仿戏剧、影视、舞蹈中的表演动作，通过模仿的积累逐渐上升到创作。制造轻松的学习和训练环境，进行即兴表演、无实物表演训练等，打破传统思维，以特殊的训练形式，充分发挥身体各部位的机能，提升肢体语言表现力。通过训练做到从内心解放自己，使自己的心静下来、沉下来，处于一种松弛的状态。然后形成肢体动作的解放，克服原有不良肢体动作习惯，使自己能够没有顾虑的、充分自由地发挥肢体语言的作用，让一切肢体动作和表情服从于展示的需要。

（六）充实心灵

模特表演时的肢体语言表达都是内心有感而发，从服装表演角色的感觉、情感、情绪出发，表演时采取连续流畅、优雅自如的肢体动态语言进行调整与变化，最终完成服装角色的完美演绎。模特从接触演出服装开始，一直到最终展示结束，都离不开体验。表演艺术讲究"情动于衷而行于外""容动而神随，形现而神开"，模特在服装表演中应该以对服装角色和表演所处环境的内心体验为主导，外在的准确、鲜明、生动的表演形式是在体验的基础上形成的。模特内心有足够的内容才会有源源不断肢体语言的自然流露，而内容是模特从外部接受大量信息后整合存储于内心的。心灵内容充实是模特表演综合素养的根基，心灵没有滋养和感悟就不会有良好的艺术体验以及表现力、感染力。所以，要想成为一名优秀的模特，必须具备全面的艺术修养，不断提升自身内在的艺术表演精神境界，这样才能形成有个性风范、风格多样的艺术形象，娴熟的驾驭各种形象，也才能成为一名表演功底深厚、视野开阔的模特。

第二节 模特表演的感知觉培养

感知，就是感觉和知觉的总称。审美主体对审美对象的个别属性如形状、体积、颜色、声音等在头脑中形成的主观印象，就是感觉；在感觉基础上构成的对审美对象意义的完整认识，就是知觉。感觉、知觉密切相连，都是对直接作用于感官的审美对象的反映，感觉丰富使知觉完整，知觉产生使感觉敏锐。模特在任何表演展示活动中都离不开感觉和知觉这两个要素。在服装表演过程中，服装、音乐、灯光、舞台环境、表演氛围等信息的刺激，都需要模特将感、知觉积极调动起来。作为一名模特，应该具备相对于普通人更深入的感知觉，才能适应角色创造的广泛性和深入性的需要。

模特的表演能力基于长时间的反复练习，只有大脑皮层受到经常性的刺激，感知与动作反应相互联系并不断的相互调节，才形成一系列动作定型。如果一个模特的表演能力不够熟练，就很容易受外界干扰，出现失误，也容易引起内心的慌乱，缺少自信。要想解决这一问题，除了平时加强表演技能的基础训练，还要注重感知觉训练，这样才能在舞台上形成从容不迫、生动化、个性化的表演。感知觉的训练，可以使模特的反应更加灵敏，应变能力更强，促进提高模特自信心、自我调整能力和表演技艺水平。感知觉训练还可以有效提高模特对整体表演环境的敏锐感受力和对外部信息的快速反应力，从而把握自己的心理状态，克服不良因素的影响，形成良好的自我感觉和身体协调能力，高质量地完成对表演动作及面部表情的控制，使表演取得最佳效果。

一、培养模特表演活动中的感觉

模特在表演活动中的感觉包括外部和内部感觉。外部感觉是模特在表演的学习和训练中通过不断接收的外部信息，包括时尚流行信息、设计新理念、表演技巧的理论知识及训练等形成的；内部感觉是指模特自己的主观感觉，是对艺术想象、艺术情感和自我意象的感觉。模特在表演时经过外部环境和内心变化的适应和调整，建立起对服装表演从内至外的表演感觉，传送到肢体语言上做出连续的表达，体现高雅的气质、协调优美的动作和富于情感的表现力。模特的感觉培养包括视觉、听觉和动觉的培养。

（一）视觉

视觉是人类最重要的信息接收手段，是通过视传入神经和视觉中枢产生的，起到行动定向和行动调节的作用，一般人获取的外界信息中，至少有80%的信息来自于视觉。

1. 视觉对模特的作用 模特在舞台上利用视觉观察空间、方位、距离和环境变化，尤其是多位模特同时在舞台上表演时，更是要通过视觉准确的判断自己的行动定向和行动内容，以达到与同伴配合的默契。模特在舞台上展示时深邃、炯炯有神、蕴含着能量信息的眼神就是通过视觉传达的，眼神的恰当运用能够提升和丰富表达作品的内涵，可以投射出模特的文化内涵和艺术修养，与模特的气质与气韵交融在一起。缺乏眼神的模特表演是没有生命力的。

2. 视觉的训练方法　眼睛是心灵的窗户，是交流的第一语言，模特善于用明亮传神的眼睛表达思想感情会使表演更具魅力。为了使眼神的表达更为丰富，模特平时要注重捕捉生活细节，观察不同人物的外部形象特征以及内在性格特点，透过现象看到本质，揣摩人物内心世界，感受人物的不同情绪，这些都有助于培养观察力和洞察力。另外，可以通过一些方法训练视觉：

（1）视线集中训练：

方法一：视线集中盯住正前方五米的一个点，想象这个点是镜头，眼睛自然睁大，保持专注，感觉视线具有穿透力，眼睛疲劳后可以闭目休息，然后反复练习。这样训练的视线适合在表现高雅、正式或有力量感的服饰时运用。如果将视线向远方无限延伸出去，同时将眼肌放松，会使眼睛表现出迷离、缥缈的感觉，适合在表现空灵、雅韵的服饰时运用。

方法二：在上面的练习基础上，眼睛始终保持盯住正前方的点，然后逐渐做抬头、低头以及各种角度的转头动作。这个练习是训练模特在身体和面部处于不同角度时的眼神。也可以结合想象，在不同情绪、面部表情下进行此练习。

方法三：身体直立，转头看向肩侧方向的某点，进行定眼训练，感觉到眼睛疲劳后闭目休息，再做反方向练习。这项练习是训练模特在台前做定点展示后，转身留头时的眼神。

（2）眼睛灵活性训练：模特的眼神不能是木讷、呆滞的，而应是灵动鲜活的，给人一种流动的美感。练习方法：将视线依次按照顺时针方向，从一点到十二点定点转动，每一点停留三秒钟，然后做逆时针方向练习。还可以做交叉位置转动，或用视线在空中写字母，比如写个 S，再继续写个 H。注意练习时头部不动，只用眼珠转动，同时尽量自然睁大眼睛。初练时，速度可慢一点，随着灵活度增长逐渐加快。还可以通过经常观看动态物体，训练眼睛的灵活性，如观看鱼缸里的金鱼、随风摇摆的树叶等。

（3）视野感训练：模特在舞台上，不能有过多肢体动作，向前行走时，眼睛要看向正前方，在表演不同风格的服装时，眼神的表达是不同的。如展示轻松休闲风格的服装时，视线不适合表现得过于集中，眼神应该尽量柔和放松，这时就要尽量放松眼部肌肉，尽量放大视野范围，使不同角度的观众都感觉模特能看到自己，就如蒙娜丽莎的眼睛一样。练习方法：眼球从左向右，再由右向左缓慢转动，视线要如一把放射状的宽扫把一样横向扫视，视线上下的范围尽量放大，扫视中要将视野范围内的一切都看清晰。眼球转到两边极限位置时，要定住几秒钟，逐渐扩大扫视长度。训练中眼睛如有酸痛感，应闭目休息或用热毛巾敷盖。

（二）听觉

听觉是通过耳朵、听传入神经和听觉中枢对声音刺激产生的感觉。

1. **听觉对模特的作用**　服装表演中，除特定情境外，一般是有音乐伴奏的表演，音乐塑造了表演的意境氛围，成为模特与观众产生感受链接的桥梁。音乐对模特形成的听觉刺激可以通过中枢神经系统的兴奋产生扩散效应，诱发动觉中枢的兴奋，即听觉和动觉的联合知觉，从而使模特产生节奏感和情绪，并随之产生表演欲望。

2. **听觉训练**　模特培养听觉，可以多听不同风格的音乐，借助不同的旋律、节奏、音色、力度、速度去体验音乐情绪及形象，形成心理反应。建立对于音乐知识的积累，形成有内心体验、感受和想象的听觉活动。模特尤其要注重对节奏的听觉训练，节奏是服装表演音乐的基本表现手段，为塑造和表达音乐的情感起到不可忽视的重要作用，体验节奏的情绪情感，能够提升对音乐的理解和感受。在服装表演中，不同的音乐节奏具有不同的表现意义，如缓慢的节奏通常表现平静、舒缓、优雅，适合展示礼服类的服装；快速的节奏通常表现激烈，体现兴奋、活跃的愉快情绪，适合展示活泼动感的服装。节奏感训练在肢体语言部分已有详细讲解，在此不再赘述。听觉能力形成非一朝一夕的功夫，只有通过大量的学习和积累，逐渐体会不同音乐风格、类型，从感官认识到理性的了解，不断提升鉴赏音乐的能力，才能产生对音乐的听觉感知。

（三）动觉

动觉也称运动觉或本体感受，它负责将身体运动的信息传递给大脑，使人对身体各部位的位置和动作有所知觉。动觉由肌觉、腱觉、关节觉和平衡觉结合而成。身体活动时，肌肉与肌腱的扩张和收缩，以及关节间的压迫，产生刺激并引起神经冲动，传入中枢神经系统而引起动觉。

1. **动觉对模特的作用**　模特在舞台上的各种动作，如台步、转身、造型以及所有动作的平衡、协调和技巧都与动觉有直接关系，动觉的培养和提高是模特表演技能提升的关键。动觉与视觉、听觉不同，如果不经过训练，很难被明确意识到，尤其在受外部因素影响时，很容易被忽略，所以一些模特对于自己表演展示的错误动作不能意识到和感觉到，也就很难对动作进行有意识的调节或控制。动觉的训练可以加强模特对表演动作的理解，使动作的表达更加明晰，还可以使模特的表演能力逐渐从无意识到有意识，从模糊到清晰，从不准确到准确转变。

2. **动觉的训练方法**　动觉的形成要以先形成动作表象为基础，任何熟练技能的形成都包含清晰准确的动作表象。培养动作表象意识可以先从观察模仿开始，可以通过对专业教师教学内容的学习模仿，也可以通过现场或视频观看优秀模特的表演进行模仿。训练中要先对所学动作内容进行分析，掌握要领后再模仿学习，要不断调整头脑中的动作表象，形成准确的印象，进而在实践中逐渐调节改善自己的表演动作。另外，要不断提高自我艺术修养和审美能力，能够对任何其他模特表演动作的好坏形成客观认识，并能够正确地分析原因，这些都有助于自己表演风格和动作的调整与改进。

模特在进行日常训练或表演时，可以请他人帮助录像，最好从不同角度拍摄，尤其是正面、侧面和背面，通过观看这些录像，清晰客观的了解自己的动作问题，并有针对性地通过训练去改善。需要注意的是，要在训练中不断体验不同动作的肌肉运动感觉，形成有效的记忆，对熟悉的动作表现出自动模式，在今后的表演中，随时通过记忆指导和调整自己的表演动作。有研究表明，当人的视觉受到干扰时，动作控制能力会降低。所以，为了加强动觉的意识，在训练中，可以在一些造型动作练习时，先睁眼进行，然后再闭眼，以减少视觉的干扰，使注意力更集中在动作的幅度、角度、位置以及肌肉等内部感受上。为了准确的体验动觉，可以把练习动作进行分解，去体验每个分解动作的身体感觉，通过不断地练习形成准确的动觉。动觉的训练还可以帮助模特形成良好的身体控制能力，限制多余动作，并获得高质量表演动作的流畅性及稳定性。

练习方式可以影响动觉的形成。练习方式有多种，根据时间不同可以有集中练习与分散练习；根据内容不同有整体练习与部分练习；根据途径的不同有模拟练习、实践练习与心理练习等。将不同的练习方式相结合，能更快地促进表演技能的形成和保持。动觉的训练需要有一定的练习时间和练习量，但要注意不能过量练习，否则容易产生机体疲劳、兴趣消失以及错误动作定型等不良效果。

二、培养模特表演活动中的知觉

知觉以感觉为基础，感觉到的客观事物的个别特征越丰富，对该事物的知觉也就越完整，知觉在一定程度上取决于主体的态度、知识和经验。空间、时间和运动是一切事物存在的固有形式，知觉就包括空间知觉、时间知觉和运动知觉。服装表演是一种空间、时间与运动共存的造型艺术，模特在表演活动中，要运用知觉不断地对舞台上的各种变化做出准确的判断和迅速的反应。在实践活动中，模特通过经验的积累，知觉会变得更丰富。

（一）空间知觉

空间知觉是在一个人婴幼儿时期便形成的知觉能力，是指一种自觉地或不自觉地感受自我在一定空间环境中所处位置的感觉，是人对物理空间特性的反应，包括形状知觉、大小知觉、深度和距离知觉、立体知觉、方位知觉等。模特在舞台上要有清晰的空间知觉，对舞台面积、长度、台中线以及灯光定点位置等有细致的观察和记忆。另外，空间知觉能够形成条件反射作用，帮助模特增强控制能力。模特在舞台上的每一个动作变化，都可以根据不同的表演空间环境，不露痕迹地把握和调整，如行走的线路、步幅和速度、造型和转身的位置、方向；对舞台上同伴与自己的位置关系，与同伴的默契配合等也都是空间知觉在发挥作用。

空间是多维度的，人脑能感受到的所有维度都在影响着对空间的知觉。空间不只是看到的，其他经验感觉也都在影响人对空间的知觉。声音可以创造环境空间知觉，在服装表演中不同的音乐风格、情绪会使人产生联想空间，舞台背景设计也可以创造假想的空间。模特的表演就是要在把握空间知觉的前提下，体现出与之相适应的表演形式。例如，在一场服装表演中，舞台背景画面是一片苍凉的荒漠，服装是坚韧耐磨的牛仔装，模特通过身体姿态、表情、眼神，体现出与环境和服装风格相适应的状态，粗犷、硬朗、浑朴的表演，坚毅、执着、沧桑的眼神，以及遥望着远方的视线，会将观众的思绪引领到另外一个联想空间，并产生与联想空间相适应的空间知觉。

（二）时间知觉

时间知觉是对时间长短、快慢和先后次序关系的反应，它揭示客观事物运动和变化的延续性、顺序性，节奏知觉也是一种时间知觉。服装表演活动是在一定时间内展开的，而时间知觉对模特表演的规划和进程具有重要意义。

在不同的环境和外界的刺激下，人们的时间知觉往往会产生差异性，如在同一时间内，有人感觉度日如年，有人却感觉光阴似箭。一般在一定时间内发生的事件数量越多，性质越复杂，内容越丰富，人就越倾向于把时间估计得短。时间知觉也因年龄、经验、情绪、动机、兴趣不同存在明显的差异。模特在服装表演中，从上场到下场，从舞台上的每个步伐、动作、造型到与同台表演的模特之间的配合，从对音乐节点的把握到与特殊灯光效果的结合等都与时间知觉有着重要的联系。时间知觉可以帮助模特根据不同的服装、灯效及音乐风格，展现应有的表演节奏，把握动作停留、间隔和变化时间。模特的时间知觉训练要具备分辨性、确认性、持续性和预测性。分辨性是指模特根据演出中自己要上台的次数，能够按照出场顺序确定每一次的上场时间、两次上场的间隔时间，具有快慢、长短的分辨；确认性是模特对当前时间状况的觉知，随时要掌握演出的进度；持续性，是指模特凭借主观经验对演出顺序性的认知，如演出已经开始 10 分钟了，演出服装已经展示完 30 套了等；预测性是指模特对时间进行推断，如距离自己出场还有两分钟，调整好状态准备上场等。模特在日常生活和演出实践中，要有意识地训练时间知觉，这会使自己在表演过程中胸有成竹，表现得更加从容、稳健。

（三）运动知觉

运动知觉是对外界物体和机体自身运动的反应，通过视觉、动觉、平衡觉等多种感觉协同活动而实现。模特在舞台上运动知觉的产生依赖于许多主客观条件，如在舞台上行走的速度、与其他模特的距离、自身的静止或运动状态等。运动知觉有时会因环境变化产生错觉，如经常在小舞台上表演的模特，如果突然走上大舞台，就会感觉自己的走步速度比平时慢，这是一种速度知觉的错觉现象，在这种错觉的影响下，一些经验较少的模特就容易着急，开始迈大步、加快节奏、急于走完全程，从而使步伐与音乐的节奏不一致，表演失去了从容。

模特在舞台上的表现与身体、心理和表演技能息息相关，其中表演技能尤为重要。为了熟练掌握表演技能，并将之合理应用于表演中，需要进行技能训练，也就是在大脑中有意识的建立正确的动作定型，使表演动作自动化。提升表演技能除了在动作技巧上的探索，还要考虑模特的运动知觉的培养，因为运动知觉直接参与表演技能的调控。培养运动知觉，要注重培养模特行走及展示动作的形态知觉和幅度知觉，还要注重强化训练中动作的起始、移动、转身、造型等各个环节在时间、空间上的协同配合，以及双脚与地面的接触、手与身体的接触、身体各部位用力及平衡的感觉等。在平时的训练中，要形成对身体各关节、韧带、肌肉、皮肤的清晰感觉，随着训练时间及训练量的增加，表演技能会逐渐提高。另外，还要注重判断力的训练，判断是短暂且复杂的心理过程，源于模特对舞台、服装、音乐风格及相应表演动作的深刻理解认识，同时又离不开高度的注意力和观察力。判断力能够帮助模特在舞台上对突发状况或与排练不同的情况做出快速应对反映，判断力也是一名模特是否具备足够舞台经验的标准之一。

第三节　模特表现力与想象力的培养

服装表演的风格是丰富且多变的，包含优雅、古典、先锋、都市、田园、民族等多种不同风格。为了鲜明、深刻地塑造各类风格服装背后所代表的人物形象，模特必须具备对服装风格及设计特点的把握以及整体表达服装形象的综合能力，具体地说，是能够准确展示服装人物应具有的姿态、造型、步态和表情等。为此，模特应具备较强的表现力和丰富的想象力。

一、模特表现力的培养

表现力是指模特通过自身所具备的认知、理解、观察、想象等能力，结合自信心，把服装设计内涵和主题思想转化为内在情感，再通过肢体语言的外部形态进行表达，用以吸引和感染观众的一种能力。技能的表现仅仅是满足模特展示的基本手段，表现力才能够使模特的表演艺术向更高层次延伸，实现内在精神气质和外在动作表现的完美统一。

（一）培养模特表现力的重要作用

服装表演是一种实践性很强的视觉艺术，是通过模特的动作、神态、情感等进行表达的艺术。服装表演和其他舞台表演是有很大区别的，在设定的具体场景内，模特从上场到下场往往只有短短几十秒钟的时间长度，表演必须连贯、一气呵成，绝不拖泥带水。模特通过表演与服装所代表的人物形象进行重合并经过适度夸张演绎，使之更加完美升华。服装表演对模特肢体语言技巧的要求较高，但仅仅有激情的肢体语言是不够的，仍需要有控制、有节奏的表达方式，表演不仅要重视"形似"，更要重视的是"神似"，注重富有象征意义的个性化色彩。充足的表现力，可以挖掘模特的可塑性，使模特在表演内容上获得丰富的体验，将个性与不同风格的服装相融合，进行充分的演绎和表达，使展示具有真正的艺术感染力。不同风格的服装体现的内涵不同，模特表现力的发挥有助于对服装风格的诠释，如古典服装风格应体现出华美、高雅、含蓄；都市服装风格应体现出热情、明艳、性感；田园服装风格应体现出自然、亲切、恬适；休闲服装风格应体现出轻松、随性、自在；职业服装风格应体现出稳重、干练、洒脱；不同民族服装风格应体现出或奔放、豪迈、热情或素雅、清秀、静美；一些非主流文化服装风格应体现出叛逆、冷酷、颓废或诙谐、怪诞、狂放等。

表现力的培养是对模特的外部形态和内部情态的双重培养，符合模特个体发展需要。表现力的培养可以发展模特心理需求，激活模特的感性因素，满足模特身体感知觉的发展需要，并能开发审美素质的潜能。

（二）培养模特表现力的方法

培养表现力，应该针对影响模特表现力的因素进行训练，从基础上对模特进行改善和提高，使表现力得到更充分的提高。

1. **加强表演技能的训练**　表演技能是表现力训练的核心，模特的表演技能是表达思想和感情的首要手段，是一切其他表现因素的基础。通过表演技能的训练，可以掌握各种不同类型的服装展示动作，培养本体感觉、节奏感等基本素质，技能训练需要有一定的训练量，才能形成动作的熟练性、稳定性和艺术性。技能训练中可以采用录像及镜面观察方法，通过观察动作力度是否适中、是否协调优美以及表情是否合理自然等，找出不足，逐步加以改善，提高表现力。

2. **加强身体素质训练**　模特需要加强身体素质，这是提高表现力的前提。模特的身体素质不必达到专业运动员的水平，但要达到在舞台上或镜头前展示动作所需的基本幅度和力度的要求。幅度需要柔韧素质，力度需要速度、力量素质。力度在模特展示的肢体动作中是非常重要的，它是模特经过长期训练而形成的一种特殊的专门化运动知觉，掌握力度的运用，可以合理地调配肌肉紧张与放松、速度的快与慢，使展示动作表现出有控制的刚柔相济。力度的训练中要注重对身体各部位肌肉用力大小、顺序的准确控制，也要注意体会动觉和平衡觉，这些都是可以提高表现力的关键因素。

3. **加强舞蹈和形体训练**　舞蹈和形体训练除了可以加强身体的柔韧性、协调性，增强其肢体语言的可塑性，形成优雅的具有曲线美的形体和较好的外形气质外，还可以使肌体的运用从本能的无意识状态过渡到有意识状态，进而可以让自我向外部打开，并很容易使自我置身于变化的情境之中，打开身体感知外部环境的路径，使感受性表现得更为敏捷、准确、精炼，从而提高表现力。

4. **加强心理训练**　在培养模特基本表演技能的同时，要注重寓情感于动作之中，使其具有一定感染力。在训练中，鼓励模特要敢于创造，诱发其表现欲，在教学和演出实践中充分发挥模特的主观能动性，激发模特强烈的自我表现心理需求。在培养中要善于发现并鼓舞模特，为模特营造宽松的心理环境，唤醒热烈的情感，使模特在表演实践活动中情绪愉悦、感知敏锐，充分释放其表演能量，并最终内化为良好的个性特点来提高表现力。

5. **加强情绪训练** 表现的原动力主要来自情绪，所以培养情绪，启发模特情感表露，可以开发其表现力。音乐是启动情绪的钥匙，模特表演所需要的速度、节奏、空间、时间，都与音乐有着密不可分的关系，音乐也最能体现模特的感情色彩，使模特的表演具有张力。在训练中播放不同风格的音乐，可以激发模特的不同情绪。引导模特进行即兴表演，没有条框束缚，使模特可以随着音乐自由创编任何身体动作、造型或舞蹈，进入不同角色，用肢体语言去塑造形象，充分发挥表现欲，放松地自我表达。

6. **加强角色体验训练** 模特的表演在于"角色"体验，但一些模特只注重完成行走线路、定位造型的表演任务，却忽略了表现力的挖掘，使得对服装作品诠释不完整，展示效果大打折扣。模特上台表演前都应有一个创作过程，而创作心理是一个突出的影响因素。除了展示服装的功能性，创造"角色"形象是模特表演的最高目的。这就要求模特对所扮演的"角色"进行揣摩、体验"角色"心理、调控自我心理状态，以"角色"为目的，从自我出发，经过对不同服装风格及服装背后所代表的人物的认知、体验、想象、创造，进入"化身为角色"的境界。为达到这一目的，模特应注重加强分析理解服饰艺术的能力，从服装设计作品的创作背景、文化出发，分析理解服装的设计风格、面料的质感以及版型的特点，从整体上把握作品风格和内涵，并以最适宜的表现手段及形式来构思并最终呈现角色形象，体现具有深度和亮点的表现力。

表现力是模特精神气质、身体形态等多方面的综合体现，其水平的提高不是一蹴而就的，要注重平时生活和训练中的积累，养成不断学习的习惯，广泛发展兴趣，才能在潜移默化中不断提高。

二、模特想象力的培养

想象是思维在经验基础上对主观或客观的新事物进行创造的心理活动。艺术想象是艺术创造者在创作过程中表现出来的以塑造艺术形象为目的的一种特殊的想象，是一种在过去积累的映像的基础上创造新的表象的心理反应过程。黑格尔说："想象是艺术创造中最杰出的本领"；高尔基说："艺术靠想象而生存"。想象是艺术与美的本质、灵魂和精髓，无论是艺术创造或是艺术欣赏，关键并不在感觉，而是在于想象。

（一）培养模特想象力的作用

服装表演中，模特加入想象的表演是充满灵动的，塑造的艺术形象会是更加完美充盈、生动全面的。而缺乏想象力的表演定会是空洞乏味的，只会体现出模式化的刻板。想象力本质上是一种艺术创造力，可以动员模特情感记忆，通过联想创造深刻的内心视觉形象，加深服装角色和情境感受的体验。模特借助于艺术想象并通过对想象的转换而产生美感、情感和灵感，顺利地完成角色过渡。艺术想象是模特进行艺术思维的主要手段和途径，通过艺术想象，模特可以创造出超越于生活的理想的艺术形象。想象力的培养有助于模特将表演思维空间尽可能拓宽，使精神内涵、情感表达丰厚并得以持续不断升华，形成更好的艺术感染力。想象力的培养还可以使模特表演思维活跃，建立表现意识，提高在艺术表演领域多方面的表演素质与技能，形成独有的气质能量"磁场"，也就是气场，帮助模特完整全面的演绎服装风格。另外，对每个模特而言，心中都有一个想象出来的完美自我的"形象目标"，这种想象促使模特不断提升，从内在修养到外在气质上不断进行自我形象完善，以逐渐符合心目中完美的自己。

（二）如何提高想象力

1. 在实践创作中培养想象力　想象力是艺术创作的源泉，丰富想象力，必须拓展视野，广泛参与实践，离开实践，想象就会成为无源之水。模特只有通过不断的实践、积累，才能具备足够的想象力来丰富表演内容并增添表演素材，也才能培养出良好的舞台感觉，具备更好的表演能力。模特实践越多，演出经历越丰富，对服装表演的理解就会越深刻和细腻，想象力也就会越强。在服装表演中，模特是艺术形象的直接体现者，创造性地将符合设计师要求的人物形象搬上T台，在这一过程中，想象无疑起到十分重要的作用。模特在任何一场表演实践中，初次见到自己所要展示的服装时，头脑中就应该在虚构思维中想象服装背后所代表的人物形象、气质、身份、穿着场合、人物心理，有了这样的想象，才可以在舞台上建立信念感和真实性，表演才会更灵活、到位。

2. 在学习中培养想象力　想象力能够促进模特表演技能的成熟与发展，使模特表演潜质得到全面的发挥和完善。想象是建立在丰富的艺术修养基础之上的，如果一个模特不具备艺术修养，头脑里没有任何记忆的储备，想象就是虚空的。注重相关专业知识的提升和积累，是培养想象力的基础。无论是哪一种想象的产生都是以感知现有素材为前提的，所以模特应该多观察、学习、记忆、思考，不仅要关注最前沿的时尚信息，了解国际的流行趋势和不同品牌的不同风格，还要广泛吸收文学、艺术类知识，把看到的信息和学到的知识储存在脑海中成为清晰而牢固的记忆，让这些素材积累成为艺术创作想象源源不断的源泉，为塑造各种服装形态的艺术想象力提供丰富的资源。如今时尚信息在不断变化、发展、更新，模特在瞬息万变的环境中，应该不断学习，拓宽思路，具备创造性的思维，内在积淀丰满、从容深厚，才能形成鲜明独特的个性特征形象，适应并演绎出更加丰富多彩的展示形态，使服装表演更加丰富多彩。

3. 在生活中培养想象力　艺术是生活的反映，要提高艺术想象力，离不开感悟生活。想象力是不能任意发挥的，必须既符合生活的真实与逻辑，又符合艺术的规律。服装表演艺术的创作、展示、欣赏自始至终都充满了想象力。模特精彩的表演也是基于丰富的生活心理体验和情绪记忆，结合大胆的创想与联想才形成的。想象是模特进行形象思维构建的重要前提，是引导模特的先锋。模特应注重体验生活、观察生活，将生活中碎片化的点滴经历，包括对生活的理解和感受进行梳理、提炼，成为储存在大脑记忆中丰富想象力的素材。在表演创作中，依据艺术形式、表演形象需要从中提取素材，并将素材进行联想、拼合、加工后产生新的形象思维，进入艺术构思的想象过程。最后，在实际表演的规定情境下，表现出相应的情绪体验和展示技能，形成生动的 T 台艺术形象。

第四节 模特气质的养成

气质是个人典型的、稳定的心理活动的外现特性，是人格的一个组成部分，综合一个人的外在美和内在美，体现人的风度、举止，以及对待生活的态度、个性特征、言语行为。气质的类型是多种多样的，一般来说，气质类型无优劣之别，任何气质类型都有其积极的和消极的体现，各种气质的模特都可以在职业领域内，通过努力做出自己的成绩。随着年龄增长、社会实践及个人主观努力，气质在环境和教育的影响下也是可以改变的。

一、气质对模特的重要作用

气质是模特在生活与专业实践中逐渐形成的、独特的审美感受，同时又是其整体底蕴的集中体现。在服装表演艺术中，服装的设计理念需要模特赋予诠释，模特是展示服装的载体，气质应与要表达的服装内涵保持一致。模特通过肢体语言体现艺术性，而优雅的气质可以使模特在表演时展现出美好的艺术形象及良好的艺术感觉。美国福特模特经纪公司总经理艾莲女士说："一个模特除必须具备形体的条件，还要具有区别于普通姑娘的特殊素质，就是一种置身人群，却能把别人的目光强烈吸引过去的东西"。这就是气质，它是成为一名优秀模特所必须具备的特质。虽然说，气质不是模特表演成功与否的唯一决定因素，但绝对是重要的因素之一。模特通过姿态动作、定位造型等形体肢体语言高度概括并最大限度地展现服装设计作品的艺术魅力和穿着效果，而气质是模特展示服装内涵特征和风格特色的根基源泉，展现出服装独特的灵魂精髓，传递给人们视觉美的体验、精神感观的愉悦。模特的气质与服装的艺术性在互动中升华，在演绎中相得益彰、熠熠生辉。

二、模特应具备的气质特点

良好的气质能使模特和所展示的服装设计作品具有一种特殊的魅力、吸引力。气质不是通过故作姿态和刻意模仿形成的，而是优秀的心理素质、深厚的文化艺术修养和高超的表演技巧等因素综合在自然统一的基础之上形成的。模特的气质是将艺术创作中的形象美和平时积累的修养美相结合，自然地流露和体现，表现出优雅、稳重、高贵等特质。模特气质的特征具有以下几个方面：自然性，气质赋予模特无以言表的美感、魅力，举手投足都是模特的内、外修养达到一定程度之后的自然体现；稳定性，气质是在先天高级神经系统活动类型基础上，经过长期后天活动逐渐形成的，与其他个性心理特征相比，具有一定的稳定性；可变性，气质的稳定性不是绝对的，在环境和教育的影响下，能够在一定程度上得以改变。

三、模特如何提升气质

气质本身传递着模特的内在精神，体现着模特的认知与感悟，综合了模特的修养、品位、审美。在服装表演舞台上，气质会通过模特的每一个造型、转身，表情、眼神透露出不留雕琢痕迹的韵味，赋予作品艺术生命力，体现出服装精神内涵的深度。气质不是一成不变的，通过后天的努力，从仪态、气度等方面进行训练，可以改善气质。为此，模特要持之以恒地练习专业素质、提升思想内涵、陶冶自身内在情操，努力提升高雅气质。

（一）提高综合素养

服装表演是对服装进行了一次再设计和再创造，模特的气质直接影响着作品的艺术价值和审美价值，一名优秀的模特能够赋予作品新的生命，完善和表达出其作品的艺术境界。"腹有诗书气自华"，知识和艺术修养能够让人的气质与风度显现光彩。所以，作为一名模特应该努力加强学习，不但要学习文化知识、提高专业能力，还要提升相关素养，包括音乐、舞蹈、艺术教育等，尽可能地让自己的综合知识积累丰厚。这些相关素养的建立，可以使人不断提升自己，形成完善的人格和高雅气质。另外，在实践中还要不断地修正自己的言行，要善于自我总结和听取别人的意见，不断完善自我。与人相处，要讲究礼仪，做到尊重、文明，给人以大方优雅之感。只有在各方面经过长期努力提高认识能力、理解能力，才能使自己的内心变得更加丰富和充实，久而久之，形成良好的个人气质。

（二）加强专门训练

气质是可以通过后天专门训练得到提升的，但需要一个长期的、系统的、有意识的过程。气质表现其实是内在思想与外部身体动作姿态的结合统一。训练是建立在基本素养和礼仪的基础上的，是内在素养外化的过程。气质的专门训练分为身体和心理训练两部分。身体训练可以通过形体、健身、舞蹈等手段的训练改变身体形态和姿态。心理训练是身体训练的一种补充训练，是更高层次的训练手段。具体包括：念动训练，就是通过对动作的回忆或想象来实现身体的感受。有实验表明，念动训练时，肌肉和神经是有明显变化的。所以经常想象优美动作和造型，对于矫正姿态有着良好的作用；自我暗示训练，是一种自我指导的训练方法，如通过心理暗示告诉自己："我的身体很挺拔，我的举止很高贵优雅"，并在暗示中结合情景，使自己融入进去。自我暗示对建立自信心、控制自己的心态和体态都要具有良好的作用；模拟训练，就是在设定环境下有针对性的模拟训练，在假定的环境中体验真实感受。假定的环境越清晰越好，情境、人物、事件以及自己在环境中的状态、表现、对事件的反应等都可以进行设定。经常进行模拟训练，可以达到沉着、冷静的对待任何人或事，从而锻炼出沉稳优雅的气质。

（三）增强气质的可塑性

一套服装穿在模特身上，模特要把舞台上看不见的，无法用语言表达但却构成人物形象精神实质的东西传达给观众，这才是服装表演艺术的本质。每个模特虽以某种气质类型为主，但决不应只局限于一种气质类型。服装表演艺术是以塑造各种典型环境中的典型人物形象为根本，适宜的气质是塑造有灵魂的生动形象的保证。模特表演要经历由外到内、再由内到外、内外结合的过程。具体来说，就是模特需要掌握服装展示的基本动作技巧、形体姿态等表演技术基础，再深入到服装所代表人物的内心世界，体验具体人物的个性特点，给身体动作以内心依据，这样才能在内心体验的基础上寻求最能表现其体验的外部形式，并找到其扮演角色的定位，这其中模特根据角色需要进行调整体现出的适宜气质直接影响着服装表演艺术的再创造和升华。模特要通过努力提升个人气质并不断加强气质的容量和可变性，增强表现服装作品不同风格和艺术个性的能力。

思考与练习

1. 请简述肢体语言对模特的重要性。

2. 请阐述模特肢体语言的体现。

3. 请阐述肢体语言的训练。

4. 请阐述如何培养模特表演活动中的感觉。

5. 请阐述如何培养模特表演活动中的知觉。

6. 请简述培养模特表现力的作用。

7. 请简述培养模特表现力的方法。

8. 请简述培养模特想象力的作用。

9. 请简述气质对模特的重要作用。

10. 请简述模特应具备的气质特点。

11. 请简述模特如何提升气质。

模特的培养

模特艺术素质的培养

课题名称：模特艺术素质的培养

课题内容：1. 舞蹈训练对模特的作用

2. 舞蹈训练的内容

3. 舞蹈训练的要求

4. 音乐修养对模特的作用

5. 提高模特音乐修养的方法

6. 时装摄影的特点

7. 时装摄影的创作

8. 时装摄影中的模特

9. 外在美的塑造

10. 内在美的塑造

11. 什么是艺术鉴赏

12. 艺术鉴赏对模特的作用

13. 如何培养模特的艺术鉴赏能力

课题时间：10 课时

教学目的：学生掌握舞蹈训练、音乐修养、时装摄影、形象塑造和艺术鉴赏的理论指导内容。

教学方式：理论讲解结合具体实例。

教学要求：重点掌握舞蹈训练的内容、提高音乐修养的方法、形象塑造、如何培养模特的艺术鉴赏能力。

课前准备：提前预习相关内容。

第十章 模特艺术素质的培养

成为一名优秀的模特不仅要具备良好的形体、形象、表演技能，还要具有良好的艺术素质。艺术素质是模特综合素质的重要组成部分，能够帮助模特形成艺术感知能力，也就是艺术感觉。艺术感觉是模特创造技巧、自我修养的一种高层次的追求，这种追求对于模特是极其重要的。艺术感觉蕴含着模特丰富的审美体现，引导模特创造真正的服装表演艺术。艺术感觉可以判断模特的职业化水平，艺术素质较好的模特，常常艺术感觉也比较好。所以，作为一名模特，要提升与服装表演相关的艺术修养，形成良好的艺术感觉，并以此来指导自己的表演实践。艺术教育能使模特以艺术的视角及感知去体会和审视外界，借助不同的艺术形式，表达自己的审美感受，并通过美的教育和熏陶，在潜移默化中形成良好的艺术感觉。艺术教育还能够促使模特形成良好的个人品格、独特的气质、富有个性的舞台表现力及表演艺术的激情，能够在服装表演中进行综合性艺术创造。综合提高模特的知识和内涵，从不同的艺术门类中汲取营养，扩大艺术视野，并不断充实，才能使模特得到全面发展。培养艺术素质的过程是一个长期的过程，只有在工作和生活中用心学习、用心积累、坚持不懈，才会不断提升，也才能在服装表演艺术的领域里真正有所造诣。

第一节 舞蹈训练

舞蹈是一门人体动态艺术，通过有审美价值的形体动作、姿态、表情等抒发人的内心情感，构成丰富变化的舞蹈形态，创造美的意境。

一、舞蹈训练对模特的作用

模特通过舞蹈训练能够提高身体素质和生理机能水平，使全身的肌肉得到良好锻炼，改善形体自然状态的不足，矫正不良姿态，使身体各部位匀称协调发展；舞蹈训练还可以提高模特身体各部位的柔韧性、协调性和灵活性，加强肢体动作控制的稳定性、熟练性和艺术性。通过练习中对舞蹈动作幅度、力度等的掌握，提高模特的律动性和节奏性；通过对情境和舞蹈内涵的体验，可以加强模特内在情感与面部表情的变化，综合提高模特的舞台表现力。舞蹈的美体现在舞蹈动作持续的变化和发展所形成的具体舞蹈形象之中，没有生动、具体、鲜明的舞蹈形象，也就没有舞蹈美。舞蹈训练要求体现人物性格、内心情感，以及独有的、特殊的、具有技巧性、规律性、秩序性的美感，能带给人以深刻和强烈的审美感受，这些对于模特的性格会产生积极影响，帮助模特加深对美好事物的深刻感知力，丰富想象力，促进思维发展，在获得形体美的同时陶冶情操，提高健康的审美情趣和美学素养。舞蹈训练中的各种练习，强调举手投足的优美性，模特通过舞蹈的学习能够形成形体、姿态、造型的整体美，增强肢体语言的可塑性，提高自信心，提升优雅气质。

二、舞蹈训练的内容

模特通过学习把握不同种类的舞蹈风格，可以不断增强自身艺术表现力，有利于在今后展示不同风格服装时运用相应的肢体动作，达到形神统一。舞蹈训练是一个系统、完整的训练过程，训练内容的设置应该因人而异，根据自身特点和训练目标，有目的、有意识、有计划、有针对性地选择练习内容和练习手段。舞蹈训练，除了达到改善模特身体形态，提高身体基本素质等目的，还应注重加强模特身体各部位的感知觉，也就是练习中正确身体姿态所应有的生理和心理的感知，从而提高自我肢体动作的判断和控制能力。训练中还要结合舞蹈和音乐有意识地培养情感，丰富面部表情及情绪表现的能力。

舞蹈学习中模特既要具备舞蹈的动作规范基础，也要通过学习和训练发挥并释放个性和创造性。舞蹈按照风格可划分为西方芭蕾舞、中国古典舞、民族民间舞、现代舞等。不同类别的舞蹈训练可以使模特得到不同的锻炼和收获，如芭蕾舞训练，已经形成一套系统、严格、规律的动作技术体系，经过基础训练可以扩大模特形体关节的活动范围，提高肢体柔韧性、身体挺拔度和重心的稳定性，塑造优美仪态；具有美学特色的古典舞训练可以使模特掌握气息运用、动作的刚柔结合，形成手、眼、身、法、步和谐统一以及流畅连贯的风韵；民族民间舞丰富多彩、风格鲜明，具有不同的地方特色，或潇洒妩媚、或松弛流畅、或粗犷雄浑、或柔美端庄，通过学习可以加强模特身体的协调性以及形体的多种表现力，还能够结合舞蹈特点了解不同地区历史文化、生活方式、民俗习惯等；现代舞打破传统、摆脱程式，强调风格迥异的个性化和抽象化，通过训练可以使模特感受到时尚与自然，能够充分的释放情感与天性，发挥和表达奔放的个性、活力与创造力。一些流行舞蹈，如街舞、体育舞蹈等，由于动作灵活、节奏感强，可以体现自由的个性，受到模特喜爱，这类舞蹈动作比较强调肩、髋关节的力量和灵活性，与模特的台步和一些造型动作发力有异曲同工之处。

三、舞蹈训练的要求

模特进行舞蹈训练首先要积极培养兴趣，主动了解学习的方法、手段，遵循训练的规律和原则，明确舞蹈训练的作用、意义和要求。在自觉的、反复的练习过程中理解和记忆动作要领，加强模仿、领会和体验，提高空间认识和肢体控制能力。长期、系统并不断地努力，达到良好的训练效果，并能够做到学以致用，逐步将学到的内容融合并转化为自身塑造美、展示美的服装表演能力。

舞蹈训练中，要力求每一个动作都规范、准确，就要重视基本功训练。不能因为基本动作和姿态练习枯燥就急于求成，在短时间内学习成套动作，容易导致错误动作定型，不易纠正。基本功训练除了包括体能、节奏感训练的内容，还包括动作的直、绷、软、开等。直、绷通常是指立背、直膝、绷脚，其中立背和直膝，在服装表演中是模特形体姿态的基本要求，绷脚练习有助于提高女模特穿高跟鞋时的脚踝和前脚掌支撑控制能力；软、开是指有良好的柔韧性和动作幅度，大多数模特并没有舞蹈训练基础，所以不需要以舞蹈专业标准要求自己，只要在个人基础上努力提高，确保在T台展示或镜前拍摄时，动作的开度和幅度能够体现造型美的需求即可。训练中应注重加强腰背、膝、踝等部位肌肉及关节力量，以提高动作的支撑力度及其灵活性和协调性。

训练应循序渐进，动作由易到难，速度由慢到快，先单个动作再到组合动作，要经过反复训练。训练中要培养舞感，就是跳舞的感觉：首先，要注意舞蹈动作的舒展优美、挺拔优雅；其次，要结合肢体动作体现适度的情绪情感表达；最后，训练中做到意念与动作相一致。如此，才能形成不同的身体和心理感觉，真正发挥舞蹈艺术内涵，使舞蹈具有激情和感染力，并不断提升舞蹈境界。

另外，除了加强舞蹈训练，还要多观摩欣赏各类舞蹈表演，体会舞蹈中的人文性、审美性及创造性。锻炼自己的观察能力，提高欣赏力、模仿力和审美素质。

第二节　音乐修养

音乐是一种以声音作为媒介的艺术形式，通过有组织的乐音表达人的思想、情感，并反映现实生活，是社会文化的重要组成部分。音乐的艺术语言和表现手段丰富，具有流动性、时间性和过程性的艺术特点。服装表演是一门综合性艺术，与多种艺术形式都有关联，尤其与音乐的关系最为密切，因为音乐美对人的感染力比其他艺术更直接深刻，并能够对服装表演结构予以引导。

一、音乐修养对模特的作用

音乐和舞蹈一样具有不可言喻的灵性，背后蕴藏着无限的意义，具有强大的审美教育功能。学习音乐可以提升模特的艺术修养和品位，培养审美情趣并净化心灵，使模特气质更为高雅。音乐最基本的特质就是审美性，音乐艺术的审美能力和鉴赏能力的提高，能够使模特在感受音乐美的同时培养平和的心态、塑造良好的个性、陶冶情操并不断完善自我。

音乐通过节奏、旋律与和声等要素来表达情感，而模特则依据音乐的提示，用肢体动作及表情来传达服装表演艺术。音乐可以引起心灵的共鸣，愉悦身心，促使美感的产生，培养模特的良好乐感，对提高其音乐修养是至关重要的。医学研究证明，当优美悦耳的音乐旋律由听觉器官传入大脑皮质后，能刺激神经系统分泌出多种有益生化物质，促进人体血液循环和新陈代谢，并使人产生愉悦的情绪。模特在表演过程中受音乐调动并激发情绪，在内心形成一定的审美情感意象，从而完成对服装表演形象和意境的塑造。音乐能够对模特展示动作做出提示并增加模特表演的感染力和表现力，模特表演展示中动作的连续、节奏的变化、情绪的表现都有赖于音乐。

优秀的音乐作品都蕴含深刻的文化底蕴、丰富的哲理思想，能潜移默化地影响模特的品行，可以由内而外地激发模特心灵的意识和丰富的感受。学会体味和欣赏音乐可以为模特的想象力、理解力以及逻辑性思维和跳跃性思维提供无限的发展空间。

二、提高模特音乐修养的方法

任何艺术门类都有自己的语言，服装表演是以模特经过设计和艺术加工的肢体动作为语言；音乐是由旋律、速度、力度、节奏、节拍、音色等元素构成语言，好的音乐语言一定是深刻并能打动人心的。对于模特而言，在服装表演中结合背景音乐元素特点进行相应肢体展示及情绪表达的能力即为模特的舞台表现力。表现力的高低是判断模特职业化水平的标准，而表现力与模特音乐修养的高低，也就是与对音乐理论知识的掌握，以及对音乐鉴赏力和理解力水平的高低是成正比的。提高音乐修养对模特服装表演艺术的发展起着至关重要的作用，作为一名优秀的模特，要做到会听音乐，会分析音乐。会听音乐，即能分清音乐的节拍和主要节奏类型，把握音乐的风格，包括音乐的时代、地域特征等；会分析音乐，即能对音乐的内容、情绪、曲式、风格等做出恰当的分析。

模特提高音乐修养可以通过以下两种途径：一种是加强对音乐基本理论知识的学习，对不同风格流派以及不同民族地区的音乐特点有所掌握。了解音乐与文化的关系、音乐与社会背景的关系，音乐的表达手段以及音乐的不同形式与结构。音乐理论的学习可以使模特从对音乐单纯的听觉感受发展到更深层的专业理解，从对音乐初级的感性认识上升到理性认识，形成一定的音乐艺术修养；另一种途径是通过多听不同风格、不同类型、不同时期的音乐，尤其是一些优秀音乐艺术作品，提升音乐的鉴赏和理解能力。对音乐的审视和表演水平的评价，可以体现出一个人音乐修养的高低，模特应该经常接受音乐艺术的熏陶，提高音乐艺术鉴赏水平，形成对音乐的审美标准，对音乐评价有好坏和雅俗之分。通过对音乐素养的提升，能达到对音乐具有一定的理解能力、记忆能力，对音乐的旋律、节奏以及风格、韵味等能够敏感捕捉，并具有一定的感悟能力。

音乐欣赏是可以直接提高模特音乐修养的审美活动。通过对不同作品的聆听、感受和分析，逐步理解、领略并享受音乐带来的美感，在获得审美愉悦体验的同时，使自身修养得以提高。音乐欣赏一般是先感性认识音乐，感受音乐的旋律、节奏、音色等，以及其或愉悦，或伤感，或兴奋的情绪。但提高音乐修养，不能停留在感性阶段，而是要通过理性认识音乐，就是从被动欣赏音乐到主动认识音乐，去了解一首音乐作品的创作者、创作背景、创作动机以及音乐的主题、风格和结构要素等专业知识，这些知识能够帮助模特全面地理解、欣赏音乐。

模特的音乐听力很重要，对音乐的理解感悟、声音的分辨以及对音乐的记忆都与听有直接关系。听音乐训练时不以个人喜爱而限定音乐类型，多听不同时期、类型和风格的音乐是提高音乐听力和修养的主要途径，无论是古典的还是现代的，国内的还是国外的，都要聆听并汲取音乐养分。从不同的音乐形式中判断节奏、节拍的强弱对比，旋律力度、速度的变化等，训练对音乐的感知力，进而增强对音乐的理解。如果能现场观摩舞台音乐艺术作品，如音乐会、音乐剧、歌剧等更是增加体验的最佳途径，现场表演的艺术气氛可以使人更能体会音乐令人陶醉的真情实感，并获得美好的艺术感受。

服装表演的伴奏音乐多以器乐为主，所以要尽量多听器乐作品，器乐往往比声乐更具有感染力，更能够震撼人心。在多听的基础上还要多思考，也就是对听到的音乐进行研究，对音乐的结构、节奏、旋律等特点以及作品的风格和韵味、音乐表达的情绪、思想内涵进行分析，形成自己内心的感受，从不同侧面、不同角度去理解，体会音乐作品的丰富性，加强对音乐内涵的领会，从而获得不同的情感体验和意境理解。另外，听音乐的同时可以加强自己的想象力训练，具体地说就是以对不同风格、节奏音乐的理解和感悟，在脑海中形成服装表演舞台情境意象，通过想象进行相应风格服装的表演展示练习，用想象间接激发自己对表演的艺术创作和表现力，以此来诠释音乐并提高自己的表演专业素养。

提高音乐修养不是一蹴而就的，需要进行长期多方面的学习、熏陶和积累，这个过程是潜移默化的，只要持之以恒的坚持多学、多听、多体验、多思考，才会不断得到提高。

第三节 时装摄影

时装摄影是以时装为拍摄主体的商业摄影门类，属于广告摄影的一部分。时装摄影能够体现摄影师的艺术境界、品位和对时装的理解、表达，强调时装与模特的完美融合，具有较强的视觉感染力。

一、时装摄影的特点

时装摄影有其自身的艺术形式规律，是商业性和艺术性两者相结合的产物。首先，时装摄影体现了商业性，用摄影手段对时装的款式、结构、面料、色彩及其艺术神韵予进行独特的展示，以促进服装销售。加拿大著名时装评论家斯多查曾说过，时装是通过梦想来推销的，人们追求完美形象的梦想促进了时装业的繁荣，而时装摄影无疑是通过打造有魅力的视觉形象，把人们模糊的梦境变为具体的现实存在，引发人们的兴趣和注意力、模仿力，激发人们的购买欲望。其次，时装摄影体现了艺术性，摄影师运用技术创造集时装艺术、摄影艺术、广告艺术和模特肢体造型艺术为一体的综合艺术，时装摄影作品具有独特的艺术创作生命力和审美价值。另外，时装摄影还体现了时尚性和传播性，时装摄影以拍摄时装为主，时装是时尚的载体，时装摄影捕捉具有快速变化的时代特征和社会风尚，传播有活力的、异彩纷呈的服饰流行趋势信息，展现时尚魅力，其意义已经远超于时装摄影本身。

二、时装摄影的创作

时装摄影的创作过程大体分为前期构思、中期创作和后期完善三个阶段。前期构思是摄影师在对时装和拍摄模特的分析产生创作灵感的基础上，确定拍摄风格和创意，形成拍摄方案；中期创作，是按照拍摄方案，采用一切可行的摄影技术手段来具体实施操作，有创意地塑造时装艺术形象；后期制作是对中期拍摄作品的不足之处进行调整、修改和处理，使之成为完美的艺术作品，后期制作也是二度创作。

摄影创作的风格非常重要，风格指摄影师运用与众不同的方法体现特殊的创作个性。影响时装摄影创作风格的因素有很多，艺术或商业性的偏重、环境的风格、时装的设计特点、模特的个性气质以及摄影师的职业素养等，都会影响拍摄风格。时装摄影经常从各流派中借鉴理念或技法形成艺术或纪实的不同表现风格，如在艺术形式的时装摄影中，常采用强调静态画面造型和光影、色彩运用的绘画风格，借鉴特殊题材制造非现实假象并运用夸张另类造型的超现实主义风格，运用电影创作手法体现故事情节的剧照式风格；在纪实形式的时装摄影中，常采用自然或客观环境，如名胜古迹、市井街巷，使场景风格与时装风格相协调，画面给人鲜活生动的情境感受。

三、时装摄影中的模特

时装摄影中，模特处在特定的环境氛围里，通过化妆、整体造型、光影效果，表达时装和相应意境。拍摄是模特工作中的一项重要内容，无论是纪实性的企业产品广告宣传拍摄、设计师作品拍摄，还是艺术性的摄影师创作拍摄、模特卡片拍摄等，模特都应该认真对待，展现专业的镜前表现力和应有的职业素养。

（一）拍摄造型

模特是时装摄影作品的灵魂人物，通过肢体造型展示服装立体艺术形象。时装摄影注重视觉的生动鲜明，通过拍摄体现出的形象要能够给人以强烈的视觉冲击。模特在拍摄中要能及时领会摄影师意图，快速调整造型，并能够基于自身的特质体现不同风格和表现形式，传达不同的视觉感受，或优雅端庄，让人感觉亲切温馨；或缥缈虚幻，能够摄人心魄；或诙谐轻松，使人开心愉悦等。

模特镜前造型分为静态造型和动态造型。静态造型就是摆姿势，动态造型是指模特在镜头前不间断地进行各种造型变化，时装摄影师则采用连拍的方法抓拍模特瞬间的造型。模特在拍摄中造型变化要有一定的节奏感和规律性，动作要流畅、连贯。造型变化除了要与摄影师进行沟通，也可根据相机快门声来调整动作的节奏和速度，形成与摄影师的默契配合，提高摄影师抓拍的成功率。模特在拍摄中要具有镜头感，就是要感受镜头的存在，提高镜头前的肢体表现力并能与镜头互动，要明白拍摄透视原理，以便对自己的上镜效果形成预判并能够不断调整修正。镜头感是模特的职业感觉和适应意识，应该融入职业习惯当中。镜头感可以通过大量实践练习得到培养和提高。

模特镜前拍摄造型根据姿态还分为站姿、坐姿、走姿、卧姿等，无论是哪种造型，要领都在于通过颈、肩、髋、脊椎和四肢关节的转拧、提压、仰俯、屈伸以及重心的平稳控制体现不同方向、角度和幅度的丰富动作变化，塑造优美生动的肢体形态。躯干是体现造型动作重心是否平衡以及表达个性和风格的关键，躯干的任何细小动作都会影响造型感觉上的微妙变化，所传达的信息也会随之变化。造型应避免刻板生硬，要合理地运用手姿和面部表情并与造型相协调，体现形神兼备。造型动作可以结合气息的运用，如吸气可以帮助模特塑造端庄的造型姿态，使形体保持挺拔；而呼气则可以使形体动作松弛，使造型体现自然随意的感觉。任何造型都要与服装特点相结合，以体现服装风格、轮廓为目的。另外，摄影过程中，摄影师要对服装进行多角度、多侧面和多方位的拍摄，以充分体现时装的特点，作为模特一定要对自己形体、形象不同部位的优缺点做到全面了解，在拍摄中能够扬长避短，结合自身特质，体现优美的形体造型，展现服装的完美特性。

（二）职业素养的体现

任何一名模特都希望自己能成为摄影师乐于拍摄，设计师愿意合作，同时又能够充分在镜前展示专业拍摄能力，使作品让人过目不忘的模特，为达到这样的目标，职业素养的体现尤为重要。

首先，拍摄工作中应保持热情，发挥主观能动性，体现饱满自信的状态。模特的主观意识表达通过肢体造型以及情绪的流露，能够在镜头前形成特殊的表现力，使拍摄出的照片更具生命力和感染力，体现理想化的、具有强烈吸引力的完美视觉形象。为了确保拍摄的最佳状态，赋予作品灵魂和生命力，模特应提前对作品充分理解，在拍摄前应主动了解拍摄主题、风格、内容以及拍摄过程和拍摄要求，做相应的准备。拍摄前要保证充足的睡眠，确保拍摄时的良好精神状态，不宜饮用过量的水，以免引起脸部及眼部的水肿。拍摄中不要过于拘谨，要学会尽快放松精神和身体，保持愉悦的心情。

其次，成功的摄影作品常常是因为在拍摄中模特与摄影师能够共同达成默契，为了形成这种默契，模特应主动了解拍摄主题背景色调、布局，还要了解摄影的构思、构图以及用光。摄影是一种利用光影来进行瞬间定格的造型艺术，光影的运用往往决定拍摄的成功与失败。达·芬奇的美学理论讲道："没有光和影，任何物质都不可能被觉察"。模特要对光源敏感，学会配合摄影师利用光影增加表现力。模特还应积极地参与到摄影创作过程中，对拍摄的状态、造型有一定的设想，给予摄影师意外的创意灵感。

最后，模特在拍摄中要具备协作精神。时装摄影需要分工细致的高度专业化创作群体，具体包括时装设计师、形象造型师、摄影师及助理人员等。时装设计师最了解拍摄服装的风格特点及应用性，所以会对拍摄提出建议和要求；形象造型师负责模特的妆面、发型，在拍摄过程中进行补妆或改妆；摄影师负责拍摄，把控和调度拍摄全过程，调整模特拍摄状态和姿态；摄影助理负责布景、调控灯光、运用道具等营造拍摄气氛。模特应尊重所有工作人员，具备团结协作精神。

第四节　形象塑造

人的形象分为外在和内在两方面，外在形象塑造是在五官、形体、皮肤等自然条件基础上，通过妆发、服饰的设计与修饰，形成仪容仪表的外在美。内在形象主要体现在个人文化内涵、道德修养方面，需要长时间培养和积累。

一、外在美的塑造

一个人的外在美可以通过相貌、形体的修饰构成。相貌美是指五官、面容、皮肤、头发的美，是外在美最显露的部分；形体美既包含人体轮廓的体型美，也包括肢体动作形成的体态美，是一种整体和谐的美；修饰是指经过人为的整理和装饰，使人的外在看起来更加有魅力，一般是通过妆容、发型和服饰进行装饰。模特在舞台上的外在形象，从服饰到妆面、发型，一般是由服装设计师、化妆造型师根据演出风格要求进行打造，而模特在日常工作和生活中，尤其是面试和出席各种场合的整体造型设计也非常重要。塑造精致得体、突出个性又体现自然的个人外在形象，不仅是自重和对他人的尊重，更能够拓展模特职业发展的路径和空间。

（一）仪容修饰

仪容的修饰主要通过化妆来完成，化妆是人体装饰艺术的重要组成部分，化妆不是单纯的涂脂抹粉，而是根据自己的皮肤、脸型、五官、发质等特点，按一定程序、技法，运用适合的化妆品对自己的仪容进行恰当的设计修饰，使自己的容貌美充分展现出来。化妆的程序包括清洁、护理、均匀肤色、描眉画眼、立体勾勒等。良好的妆容强调艺术性和技巧性，体现审美品位。化妆要结合容貌特点，对面部进行恰到好处的修饰和调整，减弱或掩饰容貌上的不足，做到扬长避短，突出自然鲜明的立体美感，给人以悦目、生动和深刻的印象。化妆要根据环境、时间、场合的不同，确立不同的基础格调和色彩的轻重，如白天自然光线下的妆面要干净清爽，夜晚妆容的色彩可以浓重丰富一些，但也不能夸张失真。

发型作为个人外在形象塑造的重要组成部分，对于突出模特的个性、神采、气质，营造时尚感和增添魅力起着举足轻重的作用。美观大方且符合自己的发型可以改变视觉效果，使自身形象更加生动，给人耳目一新的感觉，还能够帮助自己增强自信心并赢得他人的好感。发型的选择应该结合个人脸型、身高、气质、肤色、职业特点和个人喜好，每个人的脸型和五官特点不同，因此选择的发型要能够起到修饰脸型和扬长避短的作用。

模特在日常生活中应注重身体养护，护理不局限于面部，也包括身体其他部位，尤其是手、足以及关节部位的保养。还要注意结合发质护理头发，避免头发枯黄、开叉并保持清洁。男模特在日常生活中虽然不用给自己化彩妆，但也要注意美化自己的形象，保持个人卫生，头发、面部、手部应时刻保持整洁、清爽，定期理发、剃须等，要使用适合的护肤品对皮肤进行保护。

（二）服饰搭配

服饰不仅能改变人的外观形象，修饰和美化自身，还是文化的象征，体现人的思想、个性和品位、修养。在本质上服饰搭配还体现人的心理状态和自我艺术表现，是自我感觉获得满足的重要因素。服饰美需要建立在形体美的基础之上，关于形体美的塑造在形体训练部分有详细介绍，本部分不加以赘述。

服饰分为服装和饰品。服装在古代称作衣裳（cháng），衣表示上装，裳表示下装（专指裙子）。服装根据各种场合、时间、活动内容和性质规格的不同，一般分为正式、职业、休闲类。正式服装，也就是出席隆重场合穿着的服装；职业装，是符合职业特点和身份的服装；休闲服装，这类服装穿着较为方便、舒适，但不应出现在正式场合。饰品一般包括鞋、帽、首饰、腰带、手套、袜、头巾，以及一些附属品类，如眼镜、手表、包袋、香水等。

服饰的美是款式、工艺、材料和色彩的结合，其中色彩在人的视觉反应中最为领先，因为在人的视觉感知和接受过程中，色彩信息传递最快，视觉感受的冲击力最大。色彩和谐的服饰，会使人产生良好的心理效应，法国色彩大师朗科罗曾经说过这样一句话："色彩是最有效、最经济的赋予产品精神价值的手段"。人们对色彩的反应是强烈的，不同的色彩会使人产生不同的心理感受。服饰色彩搭配一般采用同色系、相似色或对比色搭配方式，其中同色系搭配是指配色尽量采用同一色系中的色彩，按照深浅不同进行搭配与组合，以创造出统一和谐的效果；相似色搭配是指运用相似的颜色，使服饰颜色既丰富又协调，色彩学把色环上 90° 以内的邻近色称之为相似色；对比色搭配，是指在服饰配色时运用色彩的冷暖、深浅、明暗等特性进行组合，在色彩上对比反差强烈，可以相映生辉，突出个性。当然，色彩的运用还应结合个人的形体、肤色、气质、性格、年龄等因素。作为模特，应该学习从服装美学角度出发，掌握服饰色彩使人产生的联想、感觉以及象征寓意，只有注意色彩的合理搭配，才能更好地选择和运用适合自己的服饰，产生和谐美并形成自己独特的风格。

时尚流行元素不断快速变化，妆发造型在变化，时装风格也在变化，但无论怎样变化，在个人外在整体形象塑造中，化妆、发型与服装饰品风格都应紧密结合，与职业特点、身份、场合协调，力求取得整体统一的完美效果，展现个人良好的修养、气质及高雅魅力。明末清初戏剧文学家李渔在《闲情偶寄》中写道："人有生成之面，面有相配之衣，衣有相称之色，皆一定而不可移者"，意思就是人的面容、服饰和色彩应体现仪表和风格的和谐呼应。体现在他人视觉中的各要素，包括风格、质感、色彩的明度、纯度、色调都应具有整体感、秩序感和条理性。正确的服饰搭配，要注重整洁合体、风格合时、注意细节，能结合自身形体、容貌、气质等形成和谐的美。

二、内在美的塑造

培根说："美不在部分而在整体"，一个人的美是综合的整体美，由外在形象美与内在涵养美构成。"秀外慧中"就是形容一个人外在形体、服饰、妆容的美与内在精神、气质、修养的美相结合体现出来的气质韵味。外在美固然令人赏心悦目，但内在的美才是美的核心，是外在美的根源，能够真正打动人心。内在美是人类独有的文明产物，也只有人类才能追求内在美、欣赏内在美和打造内在美。

内在美由个人修养和内涵构成。修养原指自我反省、自我教育、修身养性，现在的修养多指一个人陶冶情操和涵养品德，在长期的文化、艺术学习中逐渐形成的个人品位修养。由于每个人所处的生长环境和文化艺术环境不同，所体现的修养和品位也就不同，而修养品位直接影响一个人的外在形象气质；内涵美往往是形容一个人具有良好的品格和智慧。具有良好品格的人总是能体现出礼貌、真诚、尊敬、责任心等高贵的品质，具有宽广的胸怀、包容的心态和强大的内心力量，自然能体现出高贵、豁达的气质。智慧是在大量理论知识和生活实践中沉淀积累，并通过一定的领悟产生的。智慧是优雅的基础，是内涵的根本。"腹有诗书气自华"就是形容一个有智慧、有内涵的人根植于思想体现于外在的优雅气质。

作为一名模特，应该综合塑造个人外在美和内在美，体现良好的仪容仪表、言谈举止、气质修养，在任何环境下，举手投足都应恰到好处、有序有度，不能故作姿态、矫揉造作；谈吐文雅、胸襟广阔，体现文明修养和高尚情趣。

第五节 艺术鉴赏

模特在T台上的表演展示，本质上是一种艺术创造，是模特在服装设计及舞台环境基础上对展示进行艺术加工和创造的过程。艺术创造需要独创性和审美性，而艺术鉴赏能力是艺术创造的重要基础条件。

一、什么是艺术鉴赏

艺术鉴赏是人审美活动的高级、特殊的形式，是欣赏者通过自己的审美理念、艺术修养、生活经验对具有审美属性的艺术作品进行感知、体验、理解和想象，并获得审美感受的情感活动和思维活动。艺术鉴赏需要具备三个必要条件：首先，艺术作品本身具有可供赏析的内涵和价值；其次，鉴赏者自身具备一定的文化、艺术、审美修养；最后，鉴赏者要能够对鉴赏作品理解并产生共鸣，也就是产生与艺术作品相同的情感。

二、艺术鉴赏对模特的作用

艺术门类丰富众多，一般情况下，一个人不可能对所有艺术门类产生兴趣，只能因个人的年龄、个性、偏好等对某种或部分艺术门类产生喜好并逐渐形成审美能力。但服装表演是一门综合性艺术，从服装设计、舞美设计、音乐的使用到模特的展示，借鉴并运用了多种艺术形式，作为一名模特，应该努力培养自己的艺术鉴赏能力，坚持不懈、用心积累，不断加深自身的艺术修养，才会使自己在服装表演艺术中真正有所造诣并得到长足发展。

（一）开阔视野

艺术的门类十分广泛，从音乐、舞蹈、电影、戏剧到书法、摄影、文学、美术等，同一种艺术形式又会分支出不同种类，如绘画分为中国画、油画、水彩画、彩粉画、版画、素描等，而中国画又分为水墨、重彩、浅绛、工笔、写意、白描等。模特通过艺术鉴赏，感受艺术奇妙的同时，能够被带入诞生于不同时期、地域的各类创作情境中，感受色彩斑斓的艺术世界。通过鉴赏，从艺术中汲取营养，加强对艺术的认识，开阔视野并增长见识，更重要的是可以运用艺术素养更好地提升和发挥个人才能。

（二）激发想象力和创造力

艺术源于心灵，鉴赏者在欣赏艺术作品时既感受着作品本身传达的情感，又结合自我情感，产生新的情绪体验，这就是艺术鉴赏中产生的共鸣和交融，也是艺术鉴赏的魅力所在。艺术鉴赏可以激发模特的想象力，因为艺术鉴赏具有认识美和评价美的主要特征，艺术作品本身就蕴含着审美评价，在这种评价中往往揭示出人生哲理和社会现象。所以，在艺术鉴赏的过程中，需要调动艺术思维，发挥主观能动性，细致观察并充分展开想象。艺术鉴赏还可以强化模特的创造力，这是因为艺术鉴赏蕴含着鉴赏者在审美体验中进行审美再创造的过程。艺术是丰富的，也是复杂的，艺术作品投射在每一位鉴赏者主观内心世界的反应是各不相同的。鉴赏者的生活阅历和艺术修养不同，对艺术作品的理解、想象、分析也就各不相同，同一件作品，不同的人有不同的感受，"一千个读者眼中有一千个哈姆雷特"正说明了这一点。

（三）塑造个性和人格

艺术作品属于精神产品范畴，是艺术家情感思想的精华体现，是现实美在观念形态上的反映。黑格尔说："艺术是人寻找自己的表达方式，"创作者如是，欣赏者亦如是。欣赏并品位艺术作品的精妙，对于模特的情感、意识、思想乃至世界观都会产生一定的影响。艺术鉴赏可以提高模特的审美能力，端正审美观念，对于模特品格的培养也有不可忽视的作用，因为高尚的道德情操与高雅的艺术趣味是紧密相连的。艺术鉴赏能够使模特陶冶性情、净化心灵、丰富艺术内涵，具备热爱艺术、热爱生活、热爱自然的人文情怀，潜移默化地影响会使模特逐步形成良好的个性和健全的人格。

（四）培养艺术思维

思维是人类独具的功能，思维能力的强弱、高低受遗传、年龄、文化及生长背景等多种因素影响。通过调整和改造，思维能力能够得到提升和丰富。思维以多种形式存在，除了逻辑思维，还有直觉思维、形象思维等。艺术思维属于形象思维，具有发散性、曲线性的特点，能够激发人在审美活动中的热情、活力、感性和创造性。艺术思维是人的高级思维，审美活动中不同层次、不同形式的心理判断反映出艺术思维的独特和复杂性。艺术鉴赏可以使模特产生体验的丰富、情感的起伏、层次的多元，能升华并丰满对艺术作品、对艺术本身以及对自我的认识，逐渐形成艺术思维。艺术鉴赏让思维沉浸在艺术氛围中，接收艺术的熏陶，让精神层面更加多彩，时刻感知艺术的魅力。艺术思维可以帮助模特随时发现艺术、欣赏艺术、体验艺术。艺术思维还可以促使模特在艺术鉴赏中，运用无限遐想和移情的能力穿透艺术作品的本质，超越真实世界、超越时间空间和超越自我，获得更高的艺术享受和精神愉悦，从多角度、多层次感知和领悟艺术世界，领略蕴含其间的神韵和风采，产生丰富的、升华的精神体验。

三、如何培养模特的艺术鉴赏能力

任何一个人对外在事物都会产生心理反应，但不是所有人都能产生恰当的审美反应。

一件艺术作品，有人只能够简单认知，而有的人却可以领悟到作品的本质。其实，每一个人都拥有潜在的艺术细胞，但因为阅历、学识不同，理解和想象力存在差异，所以鉴别和欣赏能力也就有所不同。艺术鉴赏能力是可以通过学习被激发和被训练出来的。

（一）加强艺术鉴赏实践

艺术鉴赏实践能够发展模特的艺术感觉，培养艺术感悟力以及敏感捕捉艺术作品意蕴和内涵的能力。艺术鉴赏的实践途径非常广泛，既可以通过看画册、作品集等进行欣赏，也可以到博物馆、美术馆、音乐厅、剧场进行专门的欣赏。如果为了节省时间，还有虚拟空间艺术可以欣赏，随着互联网的发展，虚拟博物馆、虚拟音乐厅等大量涌现，这样的方式可以低成本的满足艺术欣赏的需求。当然，在条件允许的情况下，应尽可能到专门的艺术鉴赏场所，因为在这样聚集了艺术氛围的场所中，模特更能够形成专注力、受艺术影响的感染力以及丰富的审美体验。

（二）加强艺术理论知识的学习

艺术鉴赏需要借助艺术理论的相关知识。当然，艺术理论学习要循序渐进，先从简单易接受的作品开始进行入门的研究，也可以先从本国的作品入手，有针对性地进行理论知识的学习，通过了解、积累，逐渐对艺术作品从形式到内容形成深化认识和理解感悟。艺术鉴赏不能急于求成，接触一件艺术作品是由外到内，由形式到内容的过程，不要只是关注它直接呈现的外在形式，寄希望于看一眼就能理解，而应追求作品背后的、内在的意蕴内容和思想内涵，在不断地欣赏、学习和揣摩中逐渐把握作品艺术的本质和要旨。在对艺术具备一定的鉴赏能力后，可以对某一类艺术的某个流派进行深入了解，如对书画兴趣浓厚，可以多看书画展、书画集、书画专刊，可以对喜爱名家的不同时期作品的风格、绘画技法进行对比分析，甚至可以对其使用的纸张、用墨、颜料、印章等都加以研究，并与其他书画家的作品比较异同，从而提高自己的鉴赏能力。

（三）丰富生活体验

艺术源于生活，而生活本身就是艺术。很多艺术大师作品的创作动机和灵感都结合了生活的体验，从生活中收集素材进行思考、总结、提炼和表达，最终形成强烈的艺术表现力和冲击力。任何艺术都是人的内心对外在事物审美感悟的结果，模特提高艺术鉴赏能力，离不开对生活的观察和体验，把艺术欣赏融入生活中，使之成为一种生活方式。在生活中时刻发现、关注并欣赏各类美好的事物。具备了这样的状态和境界，就会发现艺术无处不在，甚至不仅局限于艺术作品，就连身边普通的生活景物、人物、事件中也都蕴含着美，在欣赏中皆可以产生美好的感受。艺术鉴赏水平高的人一定是一个优秀的观察家，作为一名模特，要有意识地培养自己有一双善于发现美的眼睛，养成多看的习惯，让艺术源源不断地滋养心灵。用心领略大自然中处处包含的艺术景象，独特的地理环境、天文景观、奇石异卉等都是艺术鉴赏对象。多多体会身边的艺术，接触不同的人物，观察人生百态，也能增加自己的生活阅历和拓展自己的艺术见识。生活中除了欣赏美也要学会制造美，如房间里的插花、装饰画、艺术摆件以及空间布局等都能体现艺术性。当一个人被艺术气息包围了的时候，修养自然会得到提升，气质也自然就会变得优雅起来。

思考与练习

1. 请简述舞蹈训练对模特的作用。

2. 请简述舞蹈训练的内容。

3. 请简述舞蹈训练的要求。

4. 请简述音乐修养对模特的作用。

5. 请简述提高模特音乐修养的方法。

6. 请简述时装摄影的特点。

7. 请简述时装摄影的创作过程和风格。

8. 请简述时装摄影中模特的拍摄造型。

9. 请简述时装摄影中模特职业素养的体现。

10. 请简述模特形象塑造中外在美的塑造。

11. 请简述模特形象塑造中内在美的塑造。

12. 什么是艺术鉴赏？

13. 请简述艺术鉴赏对模特的作用。

14. 请简述如何培养模特的艺术鉴赏能力。

模特的培养

模特形体训练

课题名称： 模特形体训练

课题内容： 1.形体训练的作用

2.形体训练的内容

课题时间： 4 课时

教学目的： 使学生掌握模特形体训练作用、内容、健康饮食的详细内容。

教学方式： 理论讲解结合具体实例。

教学要求： 重点掌握形体训练内容。

课前准备： 提前预习相关内容。

第十一章　模特形体训练

形体训练是模特职业素质培养的一项重要基础内容，是通过循序渐进的方式，系统完善地展开训练，使模特具备适合职业需求的形体条件和形体表现力。

第一节　形体训练的作用与内容

模特通过形体训练可以改善身体形态、培养艺术性及高雅的气质、增强生理机能和心理健康；培养肢体灵活性和节奏感、控制体重；改变形体动作的不良状态，增强其可塑性，为良好站姿、坐姿、走姿的培养在身体素质方面打下良好的基础，最终获得健康的体形美、姿态美和气质美。

一、形体训练的作用

（一）改善身体形态

形体分为体形和体态。体形即身体的外形，骨骼、肌肉和脂肪在全身各部位的比例是否匀称协调、平衡、和谐以及线条是否优美，决定了一个人体形的优劣。虽然遗传因素对体形起着重要的作用，但通过科学、系统、有针对性的形体训练，可以消除或降低体内和体表多余的脂肪，改变肌肉的形态，从而有效地改善人的体形。体态是指人在平时一举一动中表现出来的身体姿态，受后天因素的影响较大。良好的体态是形成模特气质风度的重要因素，通过长期的形体训练可改善并形成优美的体态。

另外，形体训练可有效提高协调性和柔韧性，协调性是指身体在运动中平衡稳定且有韵律性；柔韧性是指身体各个关节的活动幅度以及关节周围的韧带、肌肉等组织的弹性伸展能力。协调性和柔韧性对于模特肢体语言的表现起到至关重要的作用。

（二）培养艺术性及高雅的气质

健康的形体美，能显示人的气质魅力。模特形体训练中强调动作的节奏感和美感，充分体现肢体美。通过科学的形体训练，可以使模特达到举止得体、姿势优美的效果。形体训练是一种特殊的人体塑形训练，将各种有效的训练方法艺术化，使身体具有柔韧性与协调性，展现模特身体姿态的造型美。在形体训练中，音乐是必不可少的。音乐是形体训练的灵魂，是完成形体训练的重要组成部分，它可以丰富模特的想象力和表现力，唤起模特的内心情感并引起共鸣，同时也可激发模特的热情，提高对美的感受力和创造力，使模特在训练中能更加愉快，甚至达到忘我的境界。特别是根据不同风格的音乐，设计的不同形式的形体训练动作，可以提高练习的感染力，对模特的心灵也起到了潜移默化的熏陶和净化作用。通过日久的练习，模特不断丰富情感、愉悦身心，形成优雅的举止和高雅的气质。

（三）增强生理机能

形体训练可以增强体质，使机体新陈代谢旺盛，对人体的内脏器官有良好的作用，尤其是可以提高心脏的收缩力和血管的舒张能力，使心搏有力，心输出量增加，提高供血能力，有助于向脑组织供养、供能，提高大脑的思维能力。同时由于身体的运动，体内的需氧量增加，可以提高呼吸系统的功能储备量，更快的向全身细胞提供更多的氧和养分，从而改善新陈代谢，延缓血管老化，有益于健康。另外，由于形体练习方法需要人在中枢神经系统高度协调支配下才能完成，因此它能提高神经的集中能力，提高神经系统的均衡性和灵活性，使人的神经系统功能得到改善，进而提高了人体适应各种环境的能力，也促使人的动作记忆力和再现力得到提高。形体训练对身体施加合理的运动负荷，可以使身体肌肉力量及耐力素质得到提升，从而增强体能，提高人体的防御能力。形体训练还对改善体重、体脂等身体成分有十分显著的作用。

（四）增进心理健康

模特的外形特点使之在社会大众中较容易引起关注，所承受的外界影响和干扰也较同龄人更多，另外模特的年龄普遍偏低，而职业带来的竞争压力又是巨大的，这些都容易造成模特心理敏感和脆弱。实践证明，灵活多样的形体训练，对模特心理健康的影响具有其无可比拟的优越性，在培养模特稳定情绪、缓解竞争压力、提升模特职业自信心和社会适应能力等心理因素方面有着积极的影响。

二、 形体训练的内容

模特形体训练具有调整身体姿态、消耗多余脂肪，对形体局部塑型等作用。从训练形式上看，有徒手训练，也有持轻器械的练习，有站姿也有坐姿和卧姿。在部位训练中以垫上练习为主，有柔和的慢动作，也有动感较强的快节奏练习。

形体训练需要掌握和运用训练的基本原理和科学方法，了解人体的结构及身体各器官的功能，培养良好的训练方法和习惯，才能达到预期的效果。形体训练应循序渐进，训练强度及训练量要有节奏地逐步加大，并应随着人体机能的变化而调整。形体训练还应具有自觉性，要培养良好的训练兴趣，有了兴趣就有了目标，同时也增强了自觉性。

只有自觉积极地按科学方法训练，才能逐渐达到最佳形体效果。

（一）热身

热身练习最主要目的就是为了加速脉搏、升高体温，拉伸肌肉，使机体从平静的抑制状态逐渐过渡到活动的兴奋状态。热身练习可以提高深层肌肉的温度，让身体处于活跃的状态，减少运动中可能发生的运动伤害。热身练习应是比较缓和的运动，最好以慢跑、柔软体操、原地踏步操等方式进行，每次热身练习最好持续5~10分钟。通常刚开始接触训练的模特，体能都比较差，应慢慢地从较简单、较轻松的热身练习开始做起，等到体能进阶到更佳的程度，再渐渐增加热身练习的强度、难度和时间。热身练习可以帮助生理调节，并且可以减少一些可能在运动中发生的心血管突发状况，使运动更安全。

（二）有氧运动

有氧运动（Aerobic System）也称有氧代谢运动，是指人体在氧气供应充足的条件下进行的有氧代谢活动。有氧运动必须具备三个条件：运动能量，主要通过氧化体内的脂肪或糖等物质来提供；运动时全身大多数的肌肉群都参与；运动强度在低至中等之间，持续时间为30~40分钟或更长。有氧运动的特点是负荷强度较低，运动持续时间较长。模特通过有氧运动，可以增强心血管系统和呼吸系统功能；调节心理和精神状态，增加活力、舒缓压力、放松心情；有氧运动还可以帮助模特燃烧体内多余的脂肪，燃烧脂肪需要氧气，有氧运动可以帮助身体处于"有氧"状态。

（三）柔韧性练习

柔韧性练习又称拉伸练习，可以使模特身体关节的灵活性及运动幅度得到扩展，提高韧带、肌肉的弹性和伸展能力，使模特举手投足能更舒展、更有效地展示动态美。柔韧性练习助于肌纤维向纵向发展，具有使身体更挺拔、更优美，减少运动损伤，避免脂肪堆积，预防和矫正不良体态，防止生理病痛等重要功效。

在柔韧练习中主要以肩、腰、胯、腿四个部位为主。肩部是提高胸锁关节和肩锁关节柔韧性的重要部位，直接影响着胸、背的舒展程度；腰部是躯干支撑的重要部位，充分拉伸不仅能防止生理病痛，同时也能提高模特高贵优雅的气质；髋部是躯干与下肢的连接部分，其灵活性不仅对模特体态的完美起到决定作用，对模特的台步和造型更是起到关键性作用；腿部是支撑身体重量的主要部位，腿部的柔韧性为模特保持优雅的行走、腿部肌肉线形协调和站立姿态提供最有力的支持。

（四）部位训练

部位训练是模特形体训练的重要内容。通过大量的练习，可以对模特的颈、肩、上肢、胸、背、腰腹、臀、腿等部位形态进行改善，以改善模特的身形，提高模特形体的控制能力。

部位训练中要掌握运动负荷，即适宜的练习强度与练习量。决定练习强度大小的主要因素是部位训练中每组练习竭尽全力完成的次数。在部位训练中达到力竭练习次数的分类有以下几种：高强度、低次数（1~4 次），主要是达到增长肌肉力量的目的；中等强度、中次数（6~12 次），主要是达到增长肌肉体积的目的；中小强度、较高次数（15~20次）：主要是达到发展小肌肉群的体积和增加肌肉的线条、弹性的目的；小强度、多次数（30次及以上）：主要是达到减缩局部皮下脂肪和增强肌肉弹性的目的。根据模特职业对形体的需求，男模特训练强度往往采用中小至中高强度；女模特采用小至中小强度。决定练习强度大小的另一个重要因素是在组与组训练之间，要有适当的间歇，间歇时间过短，肌肉疲劳不能缓解或消除；间歇时间过长，肌肉的兴奋消失，不但达不到应有的效果，而且容易受伤。一般情况下，按训练水平间歇时间安排如下：初期训练阶段为 1 分 30秒 ~2 分钟，经过一段时间训练可调整为 1 分钟 ~1 分 30 秒。间歇时，为了训练的连续性和尽快地恢复体能，不能采用坐、卧等静止不动的消极型休息方式，而应该采取积极型休息手段。首先必须要做的就是调整呼吸，做几次深呼吸，增加吸氧量，使体内供氧充足，肌肉更容易得到放松。其次应对练习的肌群进行按摩或充分拉长伸展，以尽快地消除肌肉紧张状态，达到缓解疲劳的目的。练习量是指每个部位肌群练习的组数与一次训练课的总组数。为了使局部肌肉达到最佳训练效果，每个动作练 3~4 组为最好，训练组数及训练部位的多少，还要取决于不同的体质、体力和训练水平，必须根据实际情况，不能无限制地增加组数，否则就会导致训练过度。

　　1. 颈部练习　颈部包括颈椎和颈部周围肌肉群。模特通过颈部练习，可防止肌肉松弛和脂肪堆积，减少脸部和颈部的皮肤皱纹（如双下巴、粗脖颈、脂肪重叠、皮皱等）。另外，能促进头部的血液循环和颈椎的正常发育，增强颈部肌肉力量，使颈部挺直。还可预防和控制颈椎炎、骨质增生等症状。练习可做前、后、左、右不同方向的屈颈、绕颈、平移。部分模特脖子较短，是由于颈椎间韧带弹性差，或是颈部皮下脂肪较多，颈部肌肉群的力量弱，不能将颈椎有力地支撑的缘故，可以经常做头颈上伸同时沉肩的动作。

　　2. 肩部练习　肩关节是躯干和手臂进行运动的关键部位，三角肌环绕着肩关节，使手臂向前、侧、后运动，协调着肩部运动。模特通过肩部练习，可以增强肩部肌肉力量，增进肩关节的灵活性，改善和预防肩部不良体态，增加肩部的宽度。形态较好的肩部应是平直不溜肩，可以看到锁骨，但不可骨骼过分突出。肩宽应与髋宽、腰宽和身高之间的比例适中。练习肩部，女模特可徒手或使用小哑铃做振臂、提肩、沉肩、扣肩、展肩、绕肩等练习。男模特可通过负重做推举、平举、提拉练习。有些模特肩膀过窄，可通过训练增强三角肌，如常做俯卧撑或手臂负重侧上举等练习。

　　3. 上肢练习　上肢动作是通过肘关节的屈伸及手型的变化来实现的。上肢包括上臂、前臂和手。上臂是由肱骨与附着的肱二头肌、肱三头肌构成；前臂是由尺骨、桡骨与其附着的前臂肌肉群构成。经常锻炼上肢，可减少臂部多余脂肪，增强上肢肌肉的力量，使体型更为协调，体态更轻盈、敏捷。练习上肢，女模特可徒手或使用小哑铃做不同角度的摆臂、屈臂、臂绕环等动作。男模特可利用哑铃、杠铃或托板做弯举、屈伸、推举等练习。

4. 胸部练习 胸部是形体曲线美不可缺少的重要组成部分。加强胸部锻炼，可以提升心肺功能，使胸部更好地发育。胸部由胸廓及其附着的肌肉构成。女子在胸大肌的外层有丰实的乳腺组织，是女子丰满乳房的基础。加强胸部练习，不仅能改变胸部的不良形态，造就优美的胸部曲线，而且更能使人挺拔向上，显示出自信、高雅的气质与风度。练习胸部，女模特可采用徒手或负重的含胸、展胸、扩胸、挺胸以及俯卧撑类练习。男模特胸部训练有两个基本的练习是飞鸟和卧推，能使胸部肌肉发达。

5. 背部练习 模特的背部是体现优美形体线条的重要部位。平直的背部、匀称的肌肉线条，可以充分体现模特的优雅气质。斜方肌位于背的上部浅层，向上构成了后颈，向下加宽了双肩，形成宽肩、平背，对比显示出腰部的纤柔。经常针对背部进行练习，可以预防和矫正含胸、驼背，减少背部多余脂肪，塑造背部肌肉线条，使形体挺拔向上，并最大限度地保证姿态端正和动作稳定。女模特可进行各种俯卧或站立体前屈姿势的前上举臂、侧上举臂以及抬上体等练习。男模特可利用杠铃或哑铃做俯卧挺身、提拉哑铃或杠铃、俯身侧举哑铃等练习。

6. 腰、腹部练习 腰、腹部力量的强弱，决定模特形体控制能力的好坏和体型的优美程度。核心肌群于腰腹周围环绕着身躯，是负责保护脊椎稳定的重要肌群，如果核心肌群没有锻炼好，其他部位再怎么锻炼，形体看起来还是姿势不端正、不协调。借助训练核心肌群的局部运动，除了可以减少脂肪囤积，也可以加强核心肌的耐力，帮助核心肌群更有力地支撑上半身，达到改善姿势的目的。女模特可采用侧屈腰、转腰、后下腰和各种收腹练习。男模特可做负重侧转体、仰卧起坐、仰卧举腿、平板支撑等练习。

7. 臀部练习 臀部是人体体积较大的部位，主要由臀大肌、臀中肌和臀小肌组成。臀大肌覆盖在大腿后部肌肉的上部，能使大腿伸、外展和内收，使骨盆后倾。臀中肌一部分在臀大肌的深层，一部分位于臀部的上部和侧面。臀小肌位于臀大肌和臀中肌的深层。臀部形态应挺翘、圆润、结实。女模特可做仰卧挺髋、俯卧后抬腿、跪撑后抬腿、跪撑侧举腿练习。男模特可负重做上述几个练习，并可做深蹲练习。

8. 腿部练习 职业特点要求模特的双腿不能过细或者肌肉过于发达。经常进行腿部锻炼，可以减少腿部脂肪堆积，加强腿部肌肉力量，改善"O型"腿和"X型"腿，保持腿部围度及形态适中。腿是人体支撑和一切运动的基础，是人体线条美的重要组成部分。腿部肌肉锻炼可以增强全身血液循环，加强髋关节、膝关节、踝关节的坚固性和灵活性，能使体形更加健美，也会使模特的步履充满活力。女模特可做侧卧姿势的外展抬腿、外摆腿、内收抬腿、内摆腿；仰卧姿势的前摆腿、前踢腿；俯卧或跪撑姿势的后抬腿、后摆腿等练习。男模特可做负重半蹲或弓箭步下蹲、站立提踵、小腿屈伸、弓步走等练习。

持之以恒的训练能使不良的形体得以改善，成就自己理想化的形体美，并保持稳定良好的形体状态。形体训练的长期坚持是对模特意志品质的考验和锻炼，使模特在美体的同时得到精神的塑造。训练要在有计划、有步骤的过程中循序渐进，切忌忽冷忽热、断断续续。形体训练还要注意选择适宜的时间、环境；注重热身、拉伸，有效预防肌肉拉伤；在训练中和训练后要适当补水，但不要大量饮水；练习后应做放松练习。

第二节　合理控制体重

由于模特职业的特殊性，对形体美的要求标准与大众不同。服装表演中，为达到最佳的视觉艺术效果，设计师设计的展示服装尺码往往较普通人着装尺码偏长和偏窄，这就要求模特除了身高要高于普通人，体重指标也要低于常人，保持职业标准三围，身体不能有多余的脂肪。

有氧运动和部位训练能够控制体重，模特可以选择适合自己并有兴趣坚持的运动来进行。运动要依据自己体能状况而定，为了达到有氧锻炼减脂的效果，所选择的运动项目一定要能适当提高心率，如此才能达到消耗脂肪的功效。具体训练内容在上一节已有详细介绍，本部分不加以赘述。

模特控制体重或减轻体重，应在日常形体训练的同时注意合理饮食。人体的热量摄取大于消耗时，体重就会增加；相反，人体的热量消耗大于摄取时，体重就会减轻。就职业模特而言，要获得优美的形体，必须在饮食上注意如下事项：饮食营养搭配，食用多种食品，保证各种营养素的全面摄入；规律进食，每餐定时定量；适当降低饮食的热量，当人体消耗的热量超过摄入热量时，身体脂肪细胞的体积会缩小，从而减轻体重；糖和脂肪主要为身体提供热量，要尽量减少摄入；适量摄入碳水化合物，尤其是优质粗纤维食物，有益于身体的新陈代谢；避免不吃早餐，否则体内储存能量的保护机能会增强，食物更容易被机体吸收形成皮下脂肪，另外不吃早餐，容易形成低血糖，脑意识反应迟缓；现代营养学家通过实践总结，"少食多餐"更有利于控制体重或减轻体重；养成定时监测体重的习惯；运动会刺激食欲，为达到减轻体重的目的，运动后要适当控制饮食；训练前两小时内不要进食，人在饥饿状态下运动，血糖易下降，身体会调用肝糖来提供热量，以达到燃烧脂肪的目的；运动后，不能立刻进食，因为此时人的新陈代谢旺盛，吸收性强，身体会超量吸收摄入的营养，易导致肌纤维变粗形成块状肌肉。

合理饮食，应了解摄入营养的成分及原理。营养素是食物中所含有的，能被体内消化吸收、供给热能，能构成机体组织和调节生理机能，是身体进行正常物质代谢所必需的物质。一般将营养素分为六大类，分别为蛋白质、脂肪、糖、维生素、矿物质和水。

蛋白质是构成人体的物质基础，人体的一切细胞、脏器、组织的构成都离不开它。蛋白质是构成细胞的主要成分。占细胞内固体成分的80%以上，约占成人体重的18%。肌肉、血液、骨、软骨以及皮肤等都由蛋白质组成。蛋白质可以促进机体组织的新陈代谢和损伤修补；可产生一定热能，每克蛋白质在体内可产生热能约16.7千焦；能提供人体必需的氨基酸。蛋白质主要来源于动物性食物中，畜禽、肉类、鱼类、乳类等，一些植物性食物中，也含有较多的蛋白质，如豆类、谷类、干果类等。没有蛋白质就没有生命，人体的运动更是离不开它，它可以帮助模特练就优美的肌肉线条。

脂肪为人体提供所需的能量和必需的脂肪酸。脂肪是高热能物质，一克脂肪在体内氧化可产生约37.7千焦的热量，体内摄入多余的热量，会以脂肪的形式储存。脂肪是构成细胞和体内物质的重要成分，脂肪在胃中停留的时间较长，因而可以增加饱腹感。脂肪主要来源于一些动物性食物，如乳类、蛋类等，也来源于植物性食物中的干果类。模特减体重期间，要严格控制脂肪的摄入。

糖又称碳水化合物。可分为单糖、双糖与多糖，所有的糖在消化道内分解成单糖被机体吸收。糖是构成机体的重要物质，是人体热能的主要来源，人体三分之一的热能由糖供给；糖有维持心脏和中枢神经的功能的作用，能保护肝脏，加强肝的功能。糖主要来源于植物性食物中的谷类、根茎类植物和各种食糖，也来源于蔬菜和水果。减少糖的摄入，可以帮助模特减轻体重。

维生素是维持人体生命和生理机能不可缺少的一种营养素，它可以参与、协助其他营养素在体内进行各种反应。根据溶解性可将维生素分为脂溶性和水溶性两大类。维生素具有调节物质代谢、保证生理功能的作用，一般存在于天然食物中。

矿物质是人体的重要组成部分，其中含量较多的有钙、镁、钾、钠、磷、硫、氯等元素；其他元素如铁、铜、碘、锌、锰和硒，由于含量极少，又称微量元素。钙是构成人体骨骼和牙齿的重要成分，来源于乳类、蛋黄等；铁是合成血红蛋白的重要原料之一，参与氧的运输和组织的呼吸，来源于动物的肝脏、肉类、蛋类、鱼类和某些蔬菜；碘是组成甲状腺素的主要成分，能促进机体的生长发育和新陈代谢，来源于海产的动植物食物；锌是体内酶的激活剂，主要来源是海产品。

水是人体机体的重要成分，占成年人体重的60%~70%。水的主要生理功能是调节体温并帮助体内物质的消化、吸收、生物氧化以及排泄。水的来源除了饮品，还有食物、饭菜、水果。

人体所需的营养及热量因人而异。其影响因素包括年龄、每日消耗、气候变化、体型、体重及健康状况等。一般正常的成年人每日需要热量为8368 ~ 12552千焦，食物中碳水化合物应占60%~70%、脂肪应占15%~25%、蛋白质应占12%~15%，由于大多模特有控制体重或减脂需求，少数模特有增加体重的需要，所以应结合自身情况在摄入参数上有所调整。科学的饮食是模特健康和保持良好形体的保证。

思考与练习

1. 请简述形体训练的作用。
2. 请简述形体训练的内容。
3. 请简述模特如何合理控制体重。

模特的培养

模特礼仪修养与健康心理

课题名称：模特礼仪修养与健康心理

课题内容：1.模特学习礼仪的作用、方法和要求

2.模特社交礼仪

3.模特职业礼仪

4.建立模特良好人格

5.提升模特心理素质

6.塑造模特健康心理

课题时间：6课时

教学目的：使学生掌握模特礼仪修养与健康心理的详细内容。

教学方式：理论讲解结合具体实例。

教学要求：重点掌握模特职业礼仪、提升模特心理素质、塑造模特健康心理的内容。

课前准备：提前预习相关内容。

第十二章 模特礼仪修养与健康心理

模特行业的迅猛发展带动了从业人员队伍的日益壮大，同时也导致了模特从业压力不断提高，竞争日益激烈。培养良好的礼仪修养，塑造模特健康的心理，使模特形成具有魅力的人格和鲜明的个性，是模特适应职业竞争和生存发展的必要条件。

第一节 模特礼仪修养

模特行业有着不同于其他行业的特殊性，职业特点决定模特在工作和人际交往中应具备良好的礼仪修养。在模特的培养中重视礼仪文化教育，能够提高模特的内在涵养、文明素质和建立扎实得体的个人良好形象，从根本上促进和发展模特的综合素养，使之更好地适应职业环境。

一、模特学习礼仪的作用、方法和要求

（一）学习礼仪的作用

礼仪是人类文明和社会进步的重要标志，是一种以道德为内在基础的文化。在人类不同的发展时期，都有与之相应的礼仪。礼仪包括"礼"和"仪"两部分。现代社会，"礼"主要是指人与人之间、人与社会集体之间、社会集体与社会集体之间的礼貌、礼节，表示互相敬重、友善的行为规范。"仪"主要包括人的仪容、仪表、仪态和具体事务的仪式及相关器物。

礼仪是模特必须具备的基本素质，在工作及社会交往中，礼仪在模特协调人际关系及自我发展中，发挥着巨大的积极作用。英国哲学家弗朗西斯·培根曾说过："行为举止是心灵的外衣。"礼仪可以使模特文明的进行交际活动，保持与他人之间相互和谐的联系，体现精神的优雅。礼仪能够衡量一个模特文明程度，反映其教养水平、气质风度、阅历学识、道德风貌。良好的礼仪是一种资本，可以提高人的内在品格，使之具备高尚的精神境界和高品位的文化层次，对于一个人的终身发展具有重要意义。礼仪修养的差异会使模特在职场中的表现不同，重视礼仪文化的学习，能够加强模特的内在修养，从根本上促进和发展模特的综合素质，使之更好地适应职业环境，以更加积极的方式去应

对生活及职业发展中的各种挑战，最大限度的发挥自己的表演才能。

礼仪的制定和推行，逐渐形成社会习俗和社会行为规范，作为一名模特，应该通过学习礼仪文化，加强自我约束，无论什么时间，什么地点，都应自觉地遵守礼仪规范。礼仪对模特人际交往具有独特的功能，模特借助礼仪可以表达自己的尊重、友好与善意，增进与他人的了解与信任，形成和谐的人际关系。所以模特要重视学习礼仪的知识与方法，并且勤于实践，以便在交际活动中充分发挥礼仪的作用。另外，模特通过学习礼仪文化，能够提高个人文明素质，建立良好的个人形象，这些都有助于取得职业发展的成功。同时，模特作为引领时尚的标兵，在崇尚礼仪、践行礼仪的同时，通过自己美好高尚的言行，能够影响他人共同净化社会风气，推进社会精神文明。

（二）学习礼仪的方法

模特通过学习礼仪文化，可以塑造良好的个人形象，做到交谈文明、举止高雅、穿着大方、行为美好。正确的礼仪需要通过系统全面的学习。提高礼仪认识是学习礼仪的起点，也是提高礼仪修养的前提和基础，是将礼仪规范逐渐内化的过程，通过学习和实践，逐渐构造、完善自己的社交礼仪规范体系。礼仪水准的高低涉及个人修养水平，只有具备礼仪知识并应用于社会生活实践的人，才能成为一个有道德、有涵养的人。因此，要充分认识学习礼仪的重要性和必要性。认识提高了，学习礼仪就会成为自觉的追求；树立正确的道德观，礼仪是一个人心灵的外在体现，人与人的相互了解，一般都是从对方的礼节、礼貌开始的。具备良好礼仪的人，往往会受到欢迎。讲究礼仪的人为人处世举止适宜、态度温和，不会做出令他人厌烦或有损他人情感、利益的事。只有受过良好教育，具备了正确的道德观念，才能形成规范的礼仪；广泛学习礼仪知识，随着中国在国际上地位不断提升，中国模特的对外交往也日渐增多。作为一名模特，有必要通过学习，不断提升自己的礼仪修养水平。可以利用图书、电视、网络或通过培训专家、礼仪顾问系统全面地学习礼仪。多学习综合知识，丰富自己的文化内涵，如学一些文学、心理学、公共关系学等，了解各地习俗和风土人情，对于开阔眼界，提高礼仪认识是大有裨益的。但凡举止文明、修养良好的人，必定文化知识丰富、处理事情得当，在人际交往中能彰显出独有的魅力；注重礼仪实践，礼仪学习需要不断实践应用，只有学用结合，不断地在实践中总结经验、提高运用礼仪的实际水平，才能加深对礼仪的了解，强化对礼仪的印象，更好地理解各种礼仪的要领和内涵，并使之指导自己社会行为。明朝思想家王阳明提出"知行合一"，就是不仅要认真学习，更要实践行动。知与行是相互促进的，知而不行是"惰"，行而无知为"盲"。所以要在学习礼仪知识的基础上，进一步加强实践。在礼仪的实践中，要注意每个人在不同时间、不同场合，由于需要、对象、环境等的变化，所处的位置和身份会不同，说话做事应符合对应身份。

在自我培养方面，应做到如下内容：培养礼仪的真诚情感，礼仪学习光有认识还不够，必须投入真诚的情感才能真正遵循礼仪规范，否则会显得刻意、不自然。如果缺少真诚和对他人的关心、尊重，那么一切礼仪都将变成毫无意义的形式。真诚是表里如一，对人坦率正直，以诚相见，是个人修养的基础。培养真诚的情感就是要形成与礼仪认识相一致的礼仪情感；做到自觉自省，礼仪修养本身是一个自我认识、教育和提高的过程，如果没有高度的自觉性，就只能流于形式，所以应从小事做起，严于律己，善于自省，处处注意自我检查。自省是一种培养良好礼仪习惯的重要途径；严格规范自己的言行，防微杜渐，"勿以善小而不为，勿以恶小而为之"。通过接受礼仪教育，不断提高自我修养，使自己的思想境界不断丰富、提高和升华。锻炼礼仪持久性，礼仪学习的最终目标是始终遵循礼仪规范，保持良好礼仪的稳定性，使礼仪规范变成自觉的行为和习惯，要做到这些没有坚韧的持久性是不行的。具备坚定的持久性能帮助人们克服困难，排除干扰，使礼仪行为长期保持一致，并取得良好的效果。

（三）学习礼仪的要求

模特学习礼仪有一些具体要求：首先，要懂得尊重习俗，与人交往，要"入乡随俗"，要尊重和重视不同国家、地域、民族的风俗、习惯、文化和礼节，使自己的言谈举止、待人接物达到合乎礼仪、注重礼仪的实效。了解不同地区的礼仪忌讳内容，做到既不高高在上，也不妄自菲薄或少见多怪，更不能莽撞无礼，指手画脚；其次，学习礼仪要做到仪态端庄，优雅的仪表、仪态，反映一个人的生活态度和修养、文明程度。《弟子规》中有要求："冠必正，纽必结，袜与履，俱紧切"。这些规范，对现代人来说，也是仪容仪表的基本要求。大方得体的着装还要求必须结合自己的职业、年龄、生理特征及所处的环境，不能矫揉造作；再次，学习礼仪要做到行为庄重大方，在公众场合举止不可轻浮，应该谨慎、从容，处处合乎礼仪规范。在言辞方面，要做到诚恳，语言直接反映人们思想和修养，《易·乾文》中有"修辞立其诚，所以居业也"，意思是诚恳地修饰言辞是立业的根基。要做到慎言，就是说话一定要谨慎，要视具体情况，恰当表述；另外，学习礼仪要懂得礼貌待人，礼貌是人际交往友好和谐的道德规范之一，标志着一个社会的文明程度。中华民族历来就非常重视遵循礼规，礼貌待人。具体为待人要真诚、平等，与人为善，尊重他人的意愿，体谅别人的需要和禁忌，不苛求别人。要懂得感恩、回报，礼尚往来，这样，人际交往才能平等友好地在一种良性循环中持续下去；最后，学习礼仪要敬重长者，我国传统礼仪要求每个人在家庭中要遵从祖上，在社会上要尊敬长辈，这样才能形成有序和谐的伦理关系。

二、模特社交礼仪

（一）举止礼仪

从举止上能够看出一名模特的精神状态、健康状态及品质修养。优雅的举止能衬托一个模特超凡脱俗的气质和风度，具体包括：站姿，正确的站姿会给人以端庄大方、精力充沛、精神向上、信心十足的印象。《礼记》中有："立必正方，不倾听。" 指在正式场合，站立的姿势一定要正，不要歪头探听；坐姿，端庄、优雅、稳重、大方的坐姿可以展现模特高雅庄重的礼仪风范，传递友好、尊重的信息。在正式场合入座，要头部端正、躯干挺直、双肩平正，标准坐姿会显得郑重和认真，端庄和稳重；走姿，模特在日常工作、生活中，行走的姿态极为重要，沉稳的走姿会给人一种充满自信的印象，给人一种值得信赖的感觉。男模特应具有阳刚之美，展现其矫健挺拔的身姿。女模特应具有温婉知性之美，体现其轻盈秀美；手姿，就是手的姿势。手姿是肢体语言中最丰富、最具表现力的，在人际交往中，起到展示形象、传递信息、表达意图和传达感情的重要作用。根据语言专家统计，表示手姿的动词有近 200 个。古罗马政治家西塞罗说过："手姿是人体的一种语言，一切心理活动都伴有手姿动作。"手姿并不仅局限于手的动作，也包含手臂的动作，手姿有多种表达功能，传达各种真实的、本质的信息，在交际中，要注意克服不良的手姿动作；微笑，微笑能给人留下谦和、亲切的印象，表达理解、关爱和尊重。微笑是人类表达情感的最好方式，是人际交往中最常用的礼仪，可以在第一次与某人接触时给对方留下良好的印象，能够给自身带来热情、主动、自信等良好的情绪；眼神，眼神是面部表情的第一要素。孟子写道："存乎人者，莫良于眸子，眸子不能掩其恶。"意思是观察一个人的心灵，没有比观察他的眼睛更好的了，眼睛是不能掩饰恶意的。眼神作为一种无声的语言起着传情达意的作用，有时甚至胜过语音而使人心领神会。正确运用眼神需要注重训练眼睛的表现力，使自己的眼神更灵活、更富于感染力。

（二）会面礼仪

模特无论是人际交往还是职业发展都少不了与人会面，会面应遵循一定的礼仪规范。首先，与人会面的形象很重要，能体现对对方的重视和尊敬程度，所以要提前对自己的仪表做些准备，要注意端庄文雅、整洁得体，还要注意形象应与所拜访对象的身份相符合；会面必须守时，应该正点出现在约定好的地点；会面要采取握手、致意和问候的方式，应做到举止文雅、神态专注、热情友好、面带笑容、眼睛注视对方，表达友好与尊重；会面要对交往对象使用适合的称谓，正确称呼他人是最基本的素质和礼仪要求。称谓要庄重、恰当，文雅、亲切，这既反映了自身的教养和对他人的尊敬，也能使双方快速打消生疏、拉近距离、增进感情、沟通心灵；会面中，向别人做自我介绍时，内容要真实且言简意赅，态度诚恳、自信大方，语气自然清晰。对自己的描述要客观，措辞要适度，既不要炫耀自己，也不要贬低自己。会面时，如果需要交换名片，要注意把名片递给他人时，应起身站立，双手递送，把文字正面部分对着递交对象。接收名片时要双手接，收到名片后一定要认真阅读，表示尊重。阅读后要珍惜收好，不要随意反复把玩、随手乱放。如果是事务性会面，交谈应开门见山，不要拖沓冗长。交谈中应精神饱满，面含微笑，言词有礼。恰当的交谈方式，往往体现个人品位、学识和修养。交谈中要态度真诚、谈吐文雅、语言亲切，善于使用致谢语、征询语、赞美语、请求语，这些礼貌用语都会使交谈获得良好的效果。

（三）餐饮礼仪

模特会经常受到邀请出席各类宴会，宴会是社会交往中最为常见的活动形式之一，因性质、目的、区域、国度的不同而有较大的差异。由于宴请的出席人员、举行的时间、场地等不同，宴请也有许多不同的表现形式。优雅、得体的礼仪可以帮助模特展现自己的风度、气质，疏通人际关系，拉近与他人的距离。所以，学习和掌握餐饮礼仪对模特是十分必要的。

参加宴会不仅仅只是为了用餐，更是参加一场礼仪活动。模特接到宴会邀请后，对于能否出席，要尽早给予明确回复，以便主人安排。赴宴前，要注意修饰自己的仪容仪表，选择风格适宜的服装，这既是对主人的尊重，也是为了展现庄重、大方、得体的良好个人形象。另外，有些庆祝性的宴会需要准备礼物，尤其是受邀出席外国友人的家宴，最好准备一点小礼物。到达宴会场所，应主动向主人问好。如果是庆祝活动，应表示衷心的祝贺，然后听从安排入座。正式宴会，在进入宴会厅之前，可先了解自己的桌次和座位，并按此入座，不要随意乱坐。对在场其他客人，均应微笑点头或握手互致问候。遇到长者，更应该热情、主动打招呼。如果宴会是自助餐形式，应注意取菜的顺序是凉菜、汤、主菜、烘烤食物、甜点、水果。取菜时，须自觉按照先后顺序排队取食物，取用适量，避免食物浪费。用餐的姿态要优雅得体，注意举止文雅，从容安静，要细嚼慢咽。宴会上说话要适度控制，不宜滔滔不绝，也不要就某个问题与人争论，更不要在餐桌上嘲笑他人。宴会上切忌饮酒过量，避免失言失态。宴会中要尽量避免中途离席，宴会结束后，应向主人告辞并道谢。

三、模特职业礼仪

（一）面试礼仪

面试时，模特除了要展示形体、形象、表现力、表演风格等专业素质，还要注重个人的仪态举止、着装打扮、表达能力、应变能力等内在涵养和综合素质，应认真对待面试过程中的每一个环节和细节，做到规范有礼。

面试前要做好充分的准备，了解面试品牌相关信息，做好心理准备、资料准备和个人形象准备。要根据面试品牌风格特点和要求准备自己当天的面试服装与面试妆容，做到得体、整洁、大方、时尚，着装切记不能露出其他品牌的标识。服装要简洁、合体，扬长避短；妆容要清新自然、不露痕迹，头发干净、整洁。另外要注意，面试时不宜涂抹鲜亮颜色的指甲油、不要戴夸张的饰品，这些都会影响选拔人员的判断和选择。备齐个人资料，包括模特卡片、照片图集以及个人从业经历等内容，资料用文件夹装好，排列整齐，会给人留下有条不紊的好印象。

面试要提前计划出行方式，按时到场，守时是模特职业道德的基本要求。入场面试时，按照组织者设定好的路线、位置，行走和展示，展现要大方得体，保持挺拔自信的状态。面试过程中，要避免小动作，如果需要自我介绍，要口齿清晰，语速适中，语言简练、有条理，自我评价要客观、实事求是。面试结束后，不要忘记向选拔人员、组织人员表示感谢，一个有修养、有礼貌的模特，无论出现在哪里，都是受欢迎的。

（二）试衣礼仪

模特通过面试后就会进入试衣环节。模特参加试衣前，自己的着装尽量不要风格过于复杂或色彩过于丰富，以免影响设计师、编导或搭配师分配服装时的判断。服装要方便穿脱，选择与肤色接近、无勒痕的内衣。如果需要个人准备高跟鞋或其他衣物，要提前备好并保证清洁。试衣前，摘下自己所有的首饰，以免影响试衣的整体效果，也避免刮坏演出服装或不慎丢失。确保指甲干净整齐，不要涂彩色指甲油，也不要留长指甲。试衣前应确保身体的清洁，不要喷洒香水，以免将香水味道沾到演出服装上，在排练和演出时也应注意。试衣时，模特不能根据自己的喜好挑选服装。爱惜服装，不要随意将服装乱丢、乱放，穿脱时动作要轻柔，不要将化妆品等沾到服装上，尤其是套头服装，应该先戴上隔离妆容的头套。在试衣过程中，表现出良好的修养，保持积极热情的态度，耐心细致的配合。尊重每一位工作人员，不能傲慢无礼，包括排练、化妆、演出等工作中亦应如此。需要注意的是，不要在正式演出前，将自己拍摄的试衣照片发布到网络上，以免提前泄露设计作品信息，保守商业机密也是模特职业素养的要求。试衣结束后，模特应配合穿衣助理整理好所有服饰，检查好自己的所有物品，不要遗落，然后向所有工作人员表示感谢并礼貌告别。

（三）排练礼仪

模特参加排练前，自己的着装应尽量宽松、整洁、易穿脱。准备一个大收纳袋，用于排练时收纳所有个人物品，避免混乱或丢失。排练前一天安排合理的休息，避免工作时精神萎靡、反应迟钝，不能快速进入工作状态，这既是对工作的不珍惜和不尊重，也是缺少职业素养和敬业精神的体现。排练是整个演出团队合作磨合的过程，模特应积极配合编导的排练要求，熟记自己的上下场位置、出场顺序、行走路线、队形安排、造型位置等，最好用纸笔记录下来，以免遗忘。排练期间要细心爱护和保管演出服装，服装上身后，不要吃食物或喝水，不要随意拉扯或蹲坐，以免服装脏污损坏。不要将演出服装穿出排练场外，如去洗手间、外出打电话等。有些衣摆或裙摆长至拖地，要注意只有上台的时候才可以将拖摆放下，其他时候应该将拖摆收拢在手中，以免将服装拖脏或拖坏。另外，排练时，尽量不化妆，以免服装被脸上的化妆品弄脏，如果化了妆，在穿脱服装时要小心避开脸部，穿脱套头服装时，要戴上头套。每排练完一套服装，模特要尽快把服装归还穿衣助理，或挂回原位。管理并整理好个人物品，不要乱丢乱放；维护排练现场及后台的卫生清洁，不要乱扔垃圾；不要在排练现场或后台抽烟，既污染空气环境，也容易引发火灾；不要在排练时嚼口香糖，更不要随意吐掉口香糖，容易污损演出服装。有些服装配有吊牌，如果未经主办方同意，不要随意拆除；不要为节省时间或图方便就穿鞋换演出服装，很容易弄脏或损坏服装；爱护演出设备和公共设施，不要随便坐在音箱、灯箱或工具箱上。在工作中，要保持饱满的工作热情和敬业精神。不要以自我为中心，傲慢无礼、趾高气扬，也不要态度冷漠或将个人负面情绪带到工作中；语言文明，在排练现场和后台不要大声喧哗，更不要讲脏话；尊重他人的劳动成果，也要尊重在场的所有工作人员，包括穿衣助理、催场员、舞美施工人员、安保人员、服务员等；遇到任何问题，都要善意友好地与人沟通。

（四）化妆礼仪

正式演出前会有专业的化妆师为模特化妆，模特应确保自己仪容洁净，头发干净清爽，便于化妆师为自己做造型；积极配合管理，不要故意向后拖延化妆，也不要挑选化妆师或插队化妆；模特可以自备隔离霜和粉底液，但要先征得化妆师同意再使用；如果自己是易过敏肤质，要告诉化妆师，与化妆师商议能否可以使用自己带的化妆品，一定不能流露出嫌弃的表情或语气，挑剔化妆师的化妆用品；不要擅自使用化妆师或其他模特的化妆用品；要考虑演出时整体模特的妆容效果，不要在化妆时过分强调突出自己的个人特点；尊重化妆师的劳动成果，爱护造型、妆发，不可在化妆后擅自改妆；在其他模特化妆完毕后，不要非议、嘲笑或点评其化妆效果；模特化妆造型要符合设计作品的风格，有时难免造型会比较夸张复杂，模特不应抱怨或有任何抵触情绪；模特化妆时，要尊重化妆师，注意身体姿态端庄，不要过于慵懒或有不雅举止，如跷二郎腿、把脚搭在梳妆台上等，也不要一直低头看手机。

（五）演出礼仪

模特在准备参加演出前，要注意一些细节的处理，例如，清洁身体、清除腋毛，男模特要注意剃须、修剪鼻毛等；修剪指甲，保持整齐平滑；演出前一天要好好休息，不能熬夜，否则容易出现眼睛布满血丝、眼神无光、黑眼圈、有下眼袋、面色灰暗或状态萎靡不振、精神不够饱满的情况，这些都会严重影响演出质量；秋、冬季参加演出时，应提前擦一些身体乳液，避免因皮肤干燥，穿着演出服时产生静电，或在演出时因外露的皮肤干燥粗糙影响美观。

正式演出前，模特应认真检查并确认自己演出服装的挂放位置，包括套数、配饰等，挂放和摆放务必要符合演出既定的顺序，避免演出中穿搭错误。另外，要将演出用鞋及鞋底擦干净，避免将灰土带上舞台；演出前应提前去洗手间，避免在演出期间为此耽误时间。不要穿演出服去洗手间，以免弄脏衣服，更不要在观众入场后穿演出服去观众使用的洗手间；不要按照自己对穿着服装的理解和喜好，改变演出服装穿着的造型结构，要遵守设计师的要求；穿上演出服装后，模特只能站立、不能坐、蹲或弯腰屈膝，也不要在换好服装后随意倚靠墙或其他地方，以免损伤服装或使服装出现褶皱。严禁穿着演出服吸烟、进食、喝水，要严格保护服装；有些模特换装后拍照留念，要注意不能拍到正在换装的其他模特，更不能将照片发布到网络上。如果设计师或编导要求不许拍照，一定要服从管理；观众入场后，模特在演出后台应该始终保持安静，手机调成静音，不要让前台观众听到后台嘈杂混乱的声音，有任何问题需要与他人沟通，要尽可能压低音量。

演出中，模特不能为了突出自我，就擅自改变演出形式，如增加肢体动作、故意加快或放慢行走速度等；换装时动作要既迅速又轻柔，不能为了赶时间将换下的衣服扔在地上，甚至践踏，要简单整理并及时交还给换衣助理；换装时万一找不到自己的服装、配饰等，要冷静下来，请穿衣助理帮忙共同找寻，而不要趁乱穿走其他模特的衣物、配饰，制造新的混乱；换好服装后要马上到台口候场，不要让后台工作人员一再催促；不要因一些小事与其他模特或工作人员发生冲突，遇到任何问题，都要冷静文明的解决；候场时，应该迅速检查着装是否还存有问题，如是否有吊牌、内衣肩带露出，服装上是否有线头、灰尘等，候场要安静并调整出自己的最佳状态，不要在候场时与别人聊天或翻看手机，这些行为都是不敬业的表现；在台上精神饱满、优雅自信。一旦出现错误，要从容应对并尽快恢复状态，继续将演出完成；在谢幕环节中，设计师出场时，模特应该共同鼓掌表示祝贺，掌声要真诚热烈，而不是敷衍懈怠。有些演出结束后，主办方会邀请嘉宾上场与模特、设计师合影，这时不要表现出不耐烦或提前下场，应该善始善终。

演出结束后，应该协助穿衣助理整理好自己演出的服装。离开时，要向编导、设计师及工作人员等表示真诚的感谢并礼貌的告别。另外，除了检查自己所有物品不要遗落，还要带走自己附近的垃圾。

模特在演出工作期间，要与设计师、编导、摄影师、化妆师、其他模特等共同配合工作，应保持相互团结、亲密合作的健康关系，交往时处处需要体现良好的礼仪，这不仅是职业要求，也是个人综合素养的一种体现。首先，要做到尊重，尊重他人不仅是一种态度，更是一种修养和美德，能赢得他人对自己的尊重，才能处理好各种人际关系，包括工作关系。其次，要做到团结合作。作为一名模特，要想在事业上取得成功，就要有团结合作、密切配合的团队精神。一场演出往往需要多方的分工协作才能提高效率，实现共同的工作目标。所以，工作成员之间应该互相信赖、同心协力、互相支持，形成良好的工作氛围。再次，避免矛盾。在工作中，与人相处亲和有礼，以诚相待，才能使关系融洽和谐。在工作中要待人亲切，亲切可以瞬间拉近人与人的距离。要懂得关心他人，真诚的关心能够传递友好，赢得他人的信任，使关系更加融洽。要善于交流，交流可以增进彼此的感情，提高亲密程度。

第二节　模特健康心理

模特的职业发展需要注重加强心理指导，提高心理机能，塑造良好的综合心理素质，形成积极的心理状态。

一、建立模特良好人格

人格决定一个人的生活方式，甚至决定一个人的命运。美国著名心理学家托尔曼曾经对1528名儿童进行了长达50年的追踪研究，结果证明，成就最大的人的共同特征是他们都拥有谨慎的性格、进取精神、自信心和不屈不挠的意志等。通过对优秀模特的观察发现他们有一定的共性人格特征，如低焦虑、低神经质和偏外向，在情绪管理方面具有低紧张、低疲劳、低困惑，比一般人更自信、更具竞争性和高活力的特点。

（一）人格塑造的作用

从市场及行业发展对人格的需求看，与新时代模特相匹配的人格特征应该是诚信、平等、合作、公正、独立、开拓、个性、创新等。但从现阶段看，模特普遍低龄，身心发展已接近成熟却尚未完全成熟，人格塑造正处在关键时期，无论是人生观的层次性、价值观的取向性、情感的稳定性、意志的坚韧性，还是人际交往的成熟性都急需培养和提高。人际的复杂、社会的浸染、未来发展的迷茫，都集于模特一身，稍有不慎，便容易迷失自我、陷入徘徊，从而失去方向与动力，形成一系列不良人格。模特行业的高工作强度及残酷的竞争压力也使模特心理健康状况不容乐观。这些情况已严重影响部分模特们的职业发展和正常生活，制约着他们身心的健康及专业才能的发挥。心理学研究表明，不健全的人格常是导致心理不健康的本质要素。因此，在这个关键时期，将人格塑造纳入整个培养体系中去，与专业能力培养并驾齐驱，才能为社会培养出高质量模特人才。

（二）优化人格的方法

模特作为时尚前沿的领先者，比较注重个性，但个性的发展是基于健全人格之上的。模特应自觉地从对待自己、他人、工作和现实各个方面入手，把外部教育和自我教育有机结合，养成个体性和社会性相融合的完美人格。符合社会发展要求的良好人格是在学习和生活的过程中逐渐习得的，并且这是一个长期的过程，需要模特始终抱有坚持优化性格的信心，确立目标，不断实现向优良性格的转变。要善于自我评价和总结，这是性格优化的需要，将理想自我对比现实自我，从自身需求出发主动地去完善性格。对自身性格的优缺点形成全面的了解，以此将外在的理性规范转化为自身内在追求。努力提高自我修养可以优化人格，模特提高自我修养要落实到具体方法中，明确内容和目标，制订自我调节的计划，运用科学的方法完善自我人格；分析自身的人格现状和需要改善的地方，通过自省及时的发现自身存在的不足，进而激发内在动力去调整；吸收外界环境对自身的积极影响，在实践中刺激积极的人格力量，不断地强化积极品质，弱化性格中的不足。积极人格的养成需要通过日常的学习、工作、生活、交往等活动有意识地进行，有效利用情绪体验，促进知识向能力的转化。

二、提升模特心理素质

心理素质是人的整体素质的组成部分，受能力、心理现状、社会适应、智力与非智力等因素影响。心理素质是在自然素质的基础上，经过后天的环境、教育与实践等因素的影响而形成并逐步发展的心理潜能、能量、特点、品质与行为的综合。

（一）心理素质的构成要素及特点

心理素质的构成要素包括：心理能量，也称为心理力量，其大小强弱能够反映出一个人的心理素质水平；心理特点，是指心理本身所固有的特性；心理潜能，就是潜在的能量；心理品质，是后天习得的，其优劣最能表现出人的心理素质水平；心理行为，是人心理的外部行为表现。心理素质具有以下特点：先天性与后天性，是指心理素质在一定程度上受遗传性影响，但更主要的成因是后天受家庭、社会环境及教育训练的结果；共同性与差异性，是指人与人之间在心理素质的结构上是共同的，但在心理素质的水平上却各自有其独特性；稳定性和可变性，是指心理素质在人的各种活动中长期发挥作用，具有其稳定性，但在内外因素的作用下又都是可变的；客观性和能动性，是指客观现实是心理活动的根源，而其心理素质和调节主体是对客观现实的反映，所以说，心理素质又具有能动性。

（二）模特心理素质的重要作用

模特拥有良好的形象、形体等外部素质条件，只能说具备了一定的成功基础和前提，决定模特成功的关键还在于内部心理素质。心理素质是个人整体素质的重要组成部分。一个模特如果缺乏良好的心理素质，其发展就会缺少强大的后劲、没有持久的力量源泉。模特提高心理素质能够改善心理机能，开发心理潜能，得到全面和协调地发展；提高心理素质可以使模特心理处于健康良好状态，使其良好的品格、高超的技能与健康的身体形成合力；提高心理素质，还可以使模特具有优良个性品质，具备自我认识、自我评价、自我控制、自我完善等心理能力。总之，提升心理素质可以帮助模特更迅速地适应社会规范和职业发展环境的要求，更顺利地实现个体的发展。

（三）提升模特心理素质的方法

实践证明，心理素质高低的决定因素是后天的学习、实践和锻炼。模特要提高自身的心理素质，就要主动学习有关心理素质教育的科学方法，积极参加有助于提高心理素质的实践活动，促进自我发展、自我培养。具体可以采用以下方法：积极参加心理素质教育课程、讲座、学术报告及心理社团活动，是提高心理素质的重要方式，心理素质的提高，离不开自身的积极性和主动性；发展健康的自我意识，自我意识是对自己身心活动的觉察，自我意识的成熟被认为是个性基本形成的标志，具体包括认识自己的生理状况、心理特征以及自己与他人的关系。促进认识自我、体验自我、评价自我和调整自我，把自我意识的发展和个性的完善有机结合起来，不断地进行自我监督、自我教育、自我激励，就会有效提升心理素质；积极参加社交活动，社交活动是开展与人交流和互动的有效方式，也是提高心理素质的重要途径之一。模特通过积极参加社交活动，可以与社会保持良好的接触，更加深刻地认识社会，体验人生，可以提升认知评价和抗挫折能力，促进心理素质的提高；培养积极情感、兴趣和意志，积极的情感能够增强人参加活动的积极性，良好的兴趣是学习动力的不竭源泉，而意志坚强、心理素质过硬的人，能够克服困难、战胜挫折，实现自己的目标；积极参加健康的时尚活动，经常保持充实、愉悦的心情，这对于抵消那些不愉快的情绪体验，保持心理平衡，提升心理素质，具有重要作用。

三、塑造模特健康心理

（一）塑造模特健康心理的意义

模特经济市场具有迅速变化性及复杂性等特点，这就要求模特要具备稳定的心理状态和应付环境变化的综合能力。由于生长环境、个人经历以及所接受的文化教育程度的不同，模特们在自身的发展过程中，形成互不相同的性格特征。性格特征的差异导致了模特在职业环境中外在表现形态的不同，在这些不同的表现形态中，存在诸多制约模特发展的共同的心理特点。塑造健康心理可以帮助模特认识自我，加深对自身的了解，能正确地评价自己个性品质的长处和不足，并正确而自觉去努力发展积极的品质，消除消极的品质。塑造健康心理还可以帮助模特掌握心理活动产生和发展变化的规律，对心理现象和行为做出描述性解释，运用心理学规律，找到诱发因素，积极地创造条件改变这些因素的影响，实现对自身的调整和控制。塑造健康心理还能开阔模特的视野、丰富思想和观点，在现实环境的变化中形成良好的适应能力，建立良好的人际关系，使生理、心理与社会处于相互协调的状态。

（二）塑造模特健康心理的方法

健康心理有助于培养模特的竞争意识、合作精神以及正确对待成败的态度等优良心理品质，使模特在未来能够更加从容的应对事业发展中的各种挑战。健康心理能够帮助模特形成良好的个性心理特征、获得高水平的心理能量储备、提高处理危机和应付挑战的能力，使模特适应职业发展的要求。塑造健康心理包含以下方法：

1. **培养良好的意志品质** 意志品质对于在竞争激烈的行业中发展的模特尤为重要，从某种意义上说，模特的竞争也是意志力的竞争，意志是能够培养和发展的。首先，要树立理想的目标，只有树立远大的理想、坚定的信念，才能使自己的行动具有高度的自觉性和能动性；要遵循科学的方法循序渐进，将大目标分解成若干阶段式小目标，完成阶段目标，能增强自信心，并由此进入良性循环；从实践做起，意志品质是在长期的实践中形成的较为稳定的心理素质；持之以恒，意志锻炼的过程艰苦而漫长，要不怕吃苦，要有恒心。培养意志力要能够克服畏难情绪；要制订方案，采取步骤帮助自己去实现目标；

要保持乐观的心态，把迎接挑战、战胜自己看作是一种有价值的事情。总之，培养和训练优良意志品质非一朝一夕之事，需要水滴石穿的精神，持之以恒的努力。

2. **培养自信心**　自信是健康的心理状态，是承受挫折，克服困难的保证。心理学家发现，成功人士的最重要特征就是自信。培养自信，首先应培养自信意识，发展积极的心理态度；要能够客观地分析自我，形成对自我的积极认识，欣赏自己的优点和敢于正视自己的缺点，取他人之长补己之短；要学会进行正面心理强化，多与自信的、胸怀宽广、有志向的人接触和来往，有助于提高信心；要在实践中培养自信，实践是培养自信的土壤，是奠定自信的基石；善于发掘自我的潜能，每个人都拥有无限的潜能，对自己的潜能挖掘得越充分，就越有可能获取成功；不断优化自身状态，为自己树立自信的外部形象。

3. **培养积极乐观的心态**　乐观是指一个人具有稳定的情绪、情感和坚定的意志，对周围的人与事物具有正面认知取向的心理品质。心态是个体所具有的心境，积极的心态是以信心、希望、诚实、爱心等特征来表现的，它有助于人创造快乐、健康和成功。模特培养和加强积极乐观的心态可以从以下几个方面做起：意识到乐观心态的重要性，乐观心态不仅对身体健康有益，且能拓宽和激活认知能力，可以提升创造力、专注力和学习能力；要学会从压力和困难中看到积极面，要学会多角度看待问题，有针对性地解决问题；要关注自己的情绪，经常自我观察，帮助培养积极地心态；培养良好的人际关系，美国社会学家 G. 霍曼斯指出，人际交往实际上是个体适应社会、发展自身的一种重要手段。如果没有人际交往活动，就不可能有个体的和社会的发展。

4. **正确对待竞争与合作**　竞争是一种广泛存在的现象，是基本社会关系之一。模特行业竞争越来越激烈，一个模特要想在行业中求得自身的发展，就必须注重培养个人竞争素质和能力：要能适时适度表现出自己的才华与特长；锻炼沟通能力，培养自己高雅的言谈举止和落落大方的气质风度；提高抗挫折能力，不要轻易否定自己；提高学习能力，以适应社会进步和时尚发展速度的加快；容纳竞争对手，这是对自己实力拥有信心的表现，也往往可以使自己积蓄更大的能量。现代社会人与人之间形成各种共生关系，有竞争，也有合作，两者是密切相关的。正确处理竞争与合作的关系，可以使公平竞争与友好合作相得益彰。作为一名模特，既要提倡竞争，又要加强合作，合作能协调人际关系，提高工作效率。合作的目的不仅仅是人与人之间和睦相处、礼貌相待，还要相互促进，相互提高、共同发展。

5. **学会宽容**　宽容是人特有的一种涵养，是一种积极的人生态度和生存的智慧。《庄子·庚桑楚》中"不能容人者无亲，无亲者尽人"启迪人们应以宽容的态度待人。宽容是一种深厚的涵养和境界，能陶冶人的情操，使人气质高雅、神态安宁。学会宽容要做到以下内容：善待他人，一切高尚的品行都源自于善良，与人为善就是与己为善；包容体谅，改变心态宽容他人的过错，就可以获得轻松、自在和快乐；尊重个性差异，每个人的学识修养不同，应尽量从尊重个性差异的角度给予最大限度的宽容；消除自我中心思想，宽容不仅是爱心的体现，更是思想修养的升华；形成正确的是非观，能够独善其身；学会忍让，通过洞明世事，将忍让升华为宽容。

6. 学会谦虚 谦虚是人的一种高雅的素养，反映人的思想、道德状况和文化教育程度。满则溢，自满就再也装不进新的东西；虚则明，谦虚才能够不断充实自己，促进自己的完善。作为一名模特，要培养谦虚美德，加强自身的谦虚品质；要虚心学习，博采众长，补己之短，虚心接受别人的批评和建议，力戒骄傲；要加强自信，没有自信，一个人就做不到真正的谦虚；要有平等心，世上凡是有真才实学者，无一不是虚怀若谷，谦虚谨慎的人。谦虚是成功的要素，英国哲学家赫伯特·斯宾塞认为："成功的第一个条件是真正的虚心。"谦虚与骄傲相对，骄傲来自浅薄和无知，也是失败的根源；谦虚使人收获，可以使求知者更好地借鉴他人已有的经验，也可以接受他人的教训在认知的路上另辟蹊径。

7. 学会冷静 冷静是一种淡定、坦然和从容不迫的心理素质。冷静是知识和智慧两者融合到一起的一种涵养，更是一种理性和大度的深刻感悟。中国的语录世集《菜根谭》中有"冷眼观人，冷耳听语，冷情当感，冷心思理。"指用冷静的眼光观察他人，用冷静的耳朵听他人说话，用冷静的情感来主导意识，用冷静的头脑来思考问题。冷静是一种素质，但并非天生具备，需要历经磨炼才能提高。学会冷静要做到以下方面：遇事冷静，要保持脑清醒，从全局考虑，才可以达到减少损失、积极解决问题的目的；做决定时要冷静，人在心平静气、情绪稳定的时候，可以在错综复杂的事物中，透过现象看到本质，比较理智、客观地解决问题；取得成绩时要冷静，年轻模特取得突出的业绩时，是最容易头脑发热的时候，但要明白不能恃"功"傲物，而应保持一颗平常之心，不骄不躁，要记得"路漫漫，其修远兮"；面对批评要冷静，不急躁气恼，古希腊哲学家毕达哥拉斯说："愤怒以愚蠢开始，以后悔告终。"要学会真诚接受批评；困难面前要冷静，只有冷静，才能控制急躁情绪，采取恰当的对策和行动，改变和消除不利情境。

8. 正确自我评价 自我评价是对自己思想、才能、素质和个性特点的判断和评价，对人的自我发展、自我完善、自我实现有着特殊的意义。自我评价可以采用比较法，就是从自己与他人的比较中来了解自己的能力及在群体中所处的位置。通过比较，可以发现自己的长处和不足，扬长避短；自我评价可以参照他人评价法，即通过别人的评价反映来认识、了解自己。他人评价具有更大的客观性；自我评价还可以采用自省法，《论语》中有"吾日三省吾身"，自省是自我动机与行为的审视与反思，用以清理和克服自身不足，以达到心理上的健康完善。

9. 缓解压力 压力这一概念最早是由加拿大著名内分泌专家汉斯·薛利博士提出的，他认为压力是由生理系统应对刺激的反应所引发的一种特殊状态。压力过大会损害身体健康，现代医学证明，心理压力会削弱人体免疫系统。压力是个体主观认知评估的结果，对同一件事，每个人感受的压力程度不同。当人们面临压力时会产生一系列反应，包括生理、心理及行为反应。这些反应在一定程度上是机体主动适应压力的表现，它能够唤起和发挥机体的潜能，增强抵御和抗病能力。但是，如果反应过于强烈或持久，超过了机体自身调节和控制能力范围，就可能导致心理、生理功能的紊乱进而产生身心疾病。许多模特对行业激烈的竞争以及生活节奏的加快感到压力越来越大，所以学习和运用一些减轻心理压力的方法是十分必要的，具体可从以下几方面做起：培养优良的性格，勇于面对困难和压力；减少不必要的压力，懂得做减法和"量力而为"；提高自我效能，经常自我肯定、自我激励；学会有效解决问题，采取积极的应对策略。在现实生活中调整生活节奏、学习做自我心理调节，还可以通过运动、找人倾诉或自己喜欢的放松方式调节压力。

10. 解决怯场问题　怯场会导致模特惶恐不安、过度焦虑，丧失自信心、认知能力减退，思维活动受到干扰，也会导致模特的表演动作和步伐生硬，表情呆板，表演技巧变得有形而无神。怯场的原因有以下几个方面：专业技术不熟练，表演技巧还不能达到运用自如的程度；思想负担重，一些重大演出，舞台上绚丽的灯光和台下众多的观众，会使一些模特产生沉重的压力和心理负担；缺乏适应能力，过度紧张；缺乏自信心；生理因素，疲劳或生病。解决怯场问题，可以从以下方法入手：加强基本功训练，提升专业知识和技能；加强表象训练，就是不断地在头脑中像放电影一样，一遍遍的预习表演中所要展示的内容，形成的表象越鲜明、清晰、稳定，越有利于驱除怯场问题；进行积极自我暗示，心理暗示能够使身体的肌肉放松，情绪稳定；在实践中强化心理素质，勤于实践，多积累舞台经验，心理素质会越来越好。

11. 对抗挫折　挫折是一种情绪状态，产生原因有很多，会带给人不同的行为反应且具有明显的个体差异。挫折容易使人表现出消极情绪，出现焦虑、冷漠、压抑等现象。但是，积极的应对挫折也可以给人带来积极的行为反应。例如认同心，就是效仿成功人士的言行、品质以及获得成功的经验和方法来改变自己的境况，以此来减少自身的挫折感；升华体验，就是将挫折产生的消极负面情绪，以一种比较崇高的，具有创造性和社会价值的动机和行为来代替；幽默感，就是通过幽默化解困难处境及尴尬，这需要提升人格的成熟度和综合修养。积极地面对挫折，还可以通过以下方式：改变不合理的认知，可以提高挫折承受力；设置有较大把握，经过一定的努力可实现的合理目标；吸取错误教训，纠正错误，避免重蹈覆辙；自我激励，培养兴趣，发展特长，这些都有助于培养自信心，提高抗挫折能力；提高身体素质，身体素质较高的人对抗挫折能力也会较强；建立和谐的人际关系，能够帮助缓解心理压力并提高抗挫折能力。

12. 消除自卑心理　自卑是一种因过多地对自我进行否定而产生的消极情绪体验，自卑感往往使一些模特对自己的能力和品质评价偏低，以致丧失继续发展的勇气和信心。模特产生自卑的原因主要由以下几个方面：缺乏自我认识，忽略自己的优势和长处，过于低估自己，放大自己的不足；消极的自我暗示，不相信自己的能力，抑制能力的正常发挥；性格内向孤僻，成长经历受到过不良因素影响。严重的自卑心理会影响模特的人际交往和职业发展，所以应该学习一些方法摆脱自卑：善用补偿心理，就是"移位"，个人目标无法实现时，以新的目标代替原有目标，以新的成功体验去弥补原有失败的痛苦，"失之东隅，收之桑榆"就是补偿反应的写照；正确对待失败，英国著名教授汤姆逊在总结自己工作成功的经验时，把它概括为两个字，那就是"失败"，成功是由无数次失败构成的；塑造乐观性格，多参加社会活动，多与积极乐观的人交往，多从群体活动中培养自己的自信。

13. **消除嫉妒心理** 古希腊的斯多葛派认为"嫉妒是对别人幸运的一种烦恼"。嫉妒是一种非常有害的、消极的心理品质,往往由竞争引起,而且是处于同一领域的、经常接触的竞争者之间才会有嫉妒心理和行为。嫉妒不仅严重影响模特良好人际关系的建立,而且也会给模特自身带来痛苦。克服嫉妒心理的方法介绍如下:自我提高法,培根说过:"一个埋头沉入自己事业的人,是没有工夫去嫉妒别人的。"积极进取,为自己的成功储备能量,不断提高自身道德修养,不断地开阔自己的视野,要明白人生最重要的事是不断超越自己,而不是超过别人;认可他人的成功,要明白在任何一个群体中,总会有人比较优秀,化嫉妒为上进的动力,用别人的优秀鞭策自己;消除个人主义,嫉妒是一种突出自我的表现,是一种私心助长起来的错误认识,只有抛弃个人主义思想,嫉妒才能失去存在的基础;错位比较法,即不仅要看到别人的优点,也要看到自己的长处,有意识地进行选择性的对比,就会遏制嫉妒心理的产生;自我调整法,积极主动地调整自己的意识和行为,在嫉妒心刚刚产生时,就要在萌芽时期立即消除,以免其作祟。培养自己豁达的人生态度、树立正确的价值观、保持乐观的平和心态,平静、客观地面对现实,就能达到克服嫉妒的目标。

14. **战胜虚荣心理** 虚荣心就是以不适当的方式为了取得荣誉或引起普遍注意而产生的一种不正常的心理状态。一些模特有较为严重的虚荣心,具体表现为华而不实、急功近利、哗众取宠。产生虚荣心往往是因为以下原因:错误的荣誉观,不能真正理解荣誉的含义,把荣誉简单地理解为得到他人的注意和赞扬;对模特职业误解,认为模特就应该享受优越的生活,所以对物质有强烈的追求;对时尚误解,以为引领时尚的潮流,就是追求奢华;炫耀攀比心理严重,以追求奢侈品或前卫的消费方式,来显示其优越感;自卑心理,具有虚荣心的人大多存在自卑感,为了掩饰内心的自卑,外在表现为竭力追慕浮华。模特正处在进入社会初期,虚荣的心态是十分有害的,所以应该端正价值观与人生观、正确对待荣誉和社会舆论、提高自我认知,分清自尊心和虚荣心的界限。无论何时都要保持清醒的头脑,追求内心的真实的美,崇尚高尚的人格。

15. **纠正自私心理** 自私是一种普遍的心理现象,是一种近似本能的欲望,处于一个人的心灵深处。"自"是指自我,"私"是指利己。社会上大部分人在不同程度上都存在私心杂念。自私的具体表现有以下特征:热心程度低、支配欲强、占有欲望强烈和自恃程度高等特点。自私心理会严重影响一个人的行为规范和人格状态。所以,要有意识地及时调整。可以通过以下方法:向高境界的人学习,经常对自己的心态与行为进行自我观察,自我调整,久而久之就会建立起一种新的自我评价体系和行为体系;培养利他思想,一个想要改正自私心态的人,不妨多做些利他行为,在行为中纠正自私心态,得到利他的乐趣,使自己的灵魂得到净化;学会节制,苏轼在《前赤壁赋》中写到"苟非吾之所有,虽一毫而莫取",意为假若不属于我所有的,即使一分一毫也不去强取。时常提醒自己、告诫自己,把自私心理消除在萌芽状态中;加强自身的人格修养和品德修养,把追求人格的健全与高尚放在高于追求物质利益之上,可以彻底根除自私心理。

16. **学会管理情绪** 情绪与一个人的成长和成功都有着内在的联系。情绪有正负之分,积极情绪能够完全调动自身内在的巨大潜力，形成对事业的热爱、对工作的迷恋、陶醉，这些都是模特职业发展、追求成功的必要条件。反之，负面情绪如果存在较长时间，会影响其职业发展，甚至会造成心理的疾病。心理研究表明，认识过程是产生情绪的前提与基础，对事物没有一定的认识与了解，就不可能产生相应的情绪。医学实践证明，控制情绪有助于促进身心健康，情绪既能致病，也能治病。模特应该注重情绪管理，用理智来驾驭情绪，培养情绪知觉，让情绪成为促进自我实现和身心健康的积极力量。具体方法如下：理智调控法，是指用意志和个人素养来控制或缓解消极情绪，首先，应面对现实，承认消极情感的存在。其次，通过理智分析，弄清消极情感产生的原因。最后，要理智地考虑消极情感所引发的行为后果以及找到适当的解决方法；合理宣泄法，过分压抑会使情绪困扰加重，而适度宣泄则可以把不良情绪释放表达出来。因此，遇有不良情绪时，可以采取适合的方式释放。例如，倾诉、运动、书写等；注意力转移法，就是把注意力从引起不良情绪反应的刺激情境转移到其他事物上去或从事其他活动的自我调节方法。大量事实证明，通过向大脑传送愉快的信息，人的情绪往往只需要几秒钟到几分钟就可以平息下来；自我安慰法，就是找出一种适合内心需要的理由安慰自己，冲淡内心的不安与痛苦。比如损失时能想到"塞翁失马，焉知非福"等，可以摆脱烦恼，缓解焦虑，恢复情绪的安宁和稳定。

思考与练习

1. 请简述模特学习礼仪的作用、方法和要求。
2. 请简述模特社交礼仪的内容。
3. 请简述模特职业礼仪的内容。
4. 请简述模特进行人格塑造的作用。
5. 请简述模特优化人格的方法。
6. 请简述心理素质的构成要素及特点。
7. 请简述加强模特心理素质的作用和方法。
8. 请简述塑造模特健康心理的意义和方法。

参考文献

[1] 法比安尼斯 . 时尚里程碑 [M]. 彭灵，译 . 北京：中国摄影出版社，2015.

[2] 巴赫 . 完全模特手册 [M]. 王菁，译 . 北京：中国轻工业出版社，2008.

[3] 埃弗雷特，斯旺森 . 服装表演导航 [M]. 董清松，张玲，译 . 北京：中国纺织出版社，2003.

[4] 巴特 . 流行体系 [M]. 敖军，译 . 上海：上海人民出版社，2016.

[5] 王梅芳 . 时尚传播与社会发展 [M]. 上海：上海人民出版社，2015.

[6] 成振珂 . 传播学 [M]. 北京：新世界出版社，2016.

[7] 陈建男，田冬云，汤旭坤 . 艺术概论 [M]. 北京：中国电影出版社，2015.

[8] 胡晓明，肖春晔 . 文化经纪理论与实务 [M]. 广州：中山大学出版社，2014.

[9] 李从军 . 艺术地活着 [M]. 北京：商务印书馆，2016.

[10] 沈滨，李庆颖 . 时尚供应链管理 [M]. 北京：中国纺织出版社，2016.

[11] 程建强，黄恒学 . 时尚学 [M]. 北京：中国经济出版社，2010.

[12] 党允彤 . 舞蹈学概论 [M]. 北京：中国国际广播出版社，2017.

[13] 田学斌 . 文化的力量 [M]. 北京：新华出版社，2015.